U0175797

A 人工智能商

[美] 尼克·波尔森　詹姆斯·斯科特 —— 著　　刘清山 —— 译

How Artificial Intelligence Works
And How We Can Harness Its Power For A Better World

Nick Polson & James Scott　　后浪出版公司

I

Q

民主与建设出版社
·北京·

序

我们每年向几百名学生教授数据科学,他们都对人工智能很着迷,并会提出很好的问题。汽车如何学习自动驾驶?亚历克莎(Alexa)如何理解我在说什么?声田(Spotify)是怎样为我选择如此精彩的播放列表的呢?脸书如何在我上传的照片中识别我的朋友?这些学生意识到,人工智能不是来自未来的某种科幻机器人。它存在于此时此刻。它在通过每一部智能手机改变世界。学生们都想理解人工智能,而且都想参与其中。

我们的学生不是唯一对人工智能产生热情的人。和他们一样欣喜的还有世界上最大的公司——从美国的亚马逊、脸书、谷歌到中国的百度、腾讯、阿里巴巴。你可能听说过,这些大型科技公司正在发动一场针对人工智能人才的昂贵的全球军备竞赛,他们认为这对他们的未来非常重要。我们看到,多年来,他们一直在用30万美元以上的年薪和远远优于我们学术界的咖啡来吸引刚毕业的博士。现在，我们看到更多公司参与到人工智能领域的人才争夺之中——比如坐拥海量数据的保险和石油公司，他们同样可以提供可观的薪水和独具特色的咖啡机。

这种军备竞赛当然是真实的，但我们认为人工智能领域目前还有另一个更加强烈的趋势——这个趋势不是集中，而是扩散和传播。是的，每家大型科技公司都在努力囤积数学和编程人才，但与此同时，人工智能背后的基本技术和思想正在以极快的速度扩散，被小公司、其他行业以及世界各地的爱好者、程序员、科学家和研究人员所掌握。这种民主化趋势是最让我们今天的学生感到激动的事情，因为他们正在考虑各种急切需要人工智能解决方案的问题。

比如，谁会想到一群大学生会对黄瓜数学如此着迷？当他们听说日本汽车工程师小池诚（Makoto Koike，音译）的故事时，他们的确很着迷。小池诚的父母有一座黄瓜农场。在日本，黄瓜具有各种令人眼花缭乱的大小、形状、颜色和毛刺度——人们必须根据这些外观特征将黄瓜分属九种类别，这些类别具有不同的市场价格。过去，小池的母亲每天要花八个小时手工分拣黄瓜。后来，小池意识到，他可以用谷歌的开源人工智能软件 TensorFlow 完成这项任务。他可以编写一种"深度学习"算法程序，根据照片为黄瓜分类。小池之前从未使用过人工智能和 TensorFlow，但他很容易就根据现有的所有免费资源完成了自学。当他的人工智能分拣机器视频在 YouTube 上出现时，小池成了深度学习和黄瓜这两个领域的国际名人。他不仅为人们提供了一个有趣的故事，为他的母亲免除了无数个小时的辛劳，他还向全世界的学生和程序员传达了一个令人鼓舞的消息：既然人工智能可以解决黄瓜农场的问题，那么它应该可以解决几乎所有领域的问题。

这条消息目前正在迅速传播。医生正在用人工智能诊断和治疗癌症。电力公司用人工智能提高发电效率。投资者用人工智能管理财务风险。石油公司用人工智能提高深海钻井平台的安全性。执法机构用人工智能追捕恐怖分子。科学家用人工智能获取天文、物理和神经科学的新发现。世界各地的公司、研究人员和爱好者正在以数千种不同的方式使用人工智能，比如探测天然气泄漏，开采铁矿石，预测疾病暴发，避免蜜蜂灭绝，量化好莱坞电影中的性别歧视。这仅仅是开始。

我们认为，人工智能的真实故事恰恰体现了这种扩散：从过去几十年甚至几百年间的几个核心数学概念，到今天的超级计算机和讲话、思考、分拣黄瓜的机器，到明天无处不在的新的数字奇迹。我们这本书的目的就是向你讲述这个故事。它在一定程度上是科技故事，但它主要讲述的是思想以及思想背后的人——这些人所处的时代比现在早得多，他们只是在低调地解决他们面对的数学和数据问题，他们并不知道他们的解决方案将对现代社会起到怎样的作用。读完这个故事，你会理解人工智能的含义、来源、原理及其在生活中的重要意义。

人工智能到底是什么意思

当你听到"人工智能"时，不要想到机器人。你应该把它看成一种算法。

算法是一组带有步骤的指令。这些指令非常清晰，就连计算机这样头脑简单的事物也能遵循。（你可能听说过下面的笑话。一个机器人卡在浴室里出不来了，因为洗发水瓶身上的算法是："涂抹。冲洗。重复。"）算法本身并不比电钻更加聪明，它只能把一件事情做得很好，比如为数组排序，或者在网上搜索可爱的动物照片。不过，如果你将许多算法巧妙地组合在一起，你就可以生成人工智能，使人觉得它在某个领域可以做出智能行为。例如，你可能会向谷歌Home 这样的数字助理提出"奥斯汀最好的早餐玉米卷饼在哪儿"等问题。这种询问会引发算法的连锁反应：

一个算法将原始声波转化成数字信号。

另一个算法将这个信号转化成一串英语音素，即独特的听觉感知："brek-fust-tah-koze"。

下一个算法将这些音素划分成词语："breakfast tacos"。

这些词语被发送到搜索引擎——搜索引擎本身就是海量算法的集合，可以处理查询，做出回答。

另一个算法将这种回答转化成清晰的英语句子。

最后一个算法以听上去不像机器人的方式表述这个句子：

"奥斯汀最好的早餐玉米卷饼在杜瓦尔街的胡里奥餐厅。您需要导航吗？"

这就是人工智能。几乎每个人工智能系统都会遵循这种"算法管道"模式，不管是自动驾驶汽车、自动黄瓜分拣机还是监测信用卡账户盗刷的软件。这种管道会接收来自某个具体领域的数据，执行一系列计算，然后输出预测或决定。

人工智能使用的算法有两个明显特征。首先，这些算法处理的通常不是确定性，而是概率。例如，人工智能中的算法不会直接指出某笔信用卡交易存在欺诈。相反，它会指出欺诈概率是92%，或者它根据数据得到的任何概率。第二个特征涉及这些算法是如何知道应该遵循哪些指令的。在传统算法中，比如运行网站或处理文字的算法，这些指令是程序员提前固定下来的。不过，在人工智能中，这些指令是算法直接从"训练数据"中学到的。没有人告诉人工智能算法如何判断信用卡交易是否存在欺诈。相反，算法会看到每个类别（欺诈，无欺诈）中的许多案例，它会找到区分二者的模式。对于人工智能来说，程序员的作用不是告诉算法应该做什么，而是告诉算法如何根据数据和概率规则获知自己应该做什么。

我们是如何走到今天的

自动驾驶汽车和家庭数字助理等现代人工智能系统属于新鲜

事物。不过，你可能会吃惊地发现，人工智能的重要思想其实很古老——许多思想已经存在了数百年——我们的祖先一直在用它们解决问题。以自动驾驶汽车为例，谷歌第一款自动驾驶汽车于2009年首次亮相。不过，你将在第三章发现，这些汽车背后的主要思想之一是某个长老会牧师在18世纪50年代发现的——50多年前，某个数学家团队还用这种思想解决了冷战时期最大的轰动性谜团之一。

另一个例子是图像分类，比如自动在脸书照片中为你的朋友做标记的软件。图像处理算法在过去五年取得了很大进步，但你将在第二章看到，这里的关键思想来自1805年——而且，一位不知名的天文学家亨丽埃塔·莱维特（Henrietta Leavitt）在一个世纪前利用这些思想帮助人类解答了历史上最深刻的科学问题之一：宇宙有多大？

再以语音识别为例，这是人工智能近年来的伟大胜利之一。亚历克莎和谷歌Home等数字助理在语言方面非常流利，而且它们只会变得越来越好。不过，第一个让计算机理解英语的人是一位美国海军少将，而且这件事发生在将近70年前。（见第四章。）

这里只举了三个例子，但它们说明了一个惊人的事实：不管你考察人工智能的哪些方面，你都会找到一个被人们长期研究过的思想。所以，从各方面来看，最大的历史谜团不是人工智能为什么会在今天出现，而是它为什么没有在很久以前出现。要想解释这个谜团，我们必须考虑将这些宝贵思想带入新时代的三个强大的技术力量。

第一个使人工智能成为可能的力量是计算机长达几十年的指数增长速度，通常被称为摩尔定律。你很难直观地理解计算机目前的速度有多快。过去的常见说法是，阿波罗宇航员登陆月球时使用的计算能力还比不上一只袖珍计算器。不过，这种说法已经无法使人产生共鸣了，因为……袖珍计算器是什么东西？所以，让我们用汽车来类比。1951 年，尤尼瓦克是速度最快的计算机之一，每秒可以进行 2000 次计算，而速度最快的汽车之一阿尔法罗密欧 6C 的时速可达 180 公里。之后，汽车和计算机都在提速。不过，如果汽车能像计算机那样提速，那么现代阿尔法罗密欧的速度将达到光速的800 万倍。

人工智能的第二个助推器是新的摩尔定律：随着人类所有信息的数字化，可用数据量出现了爆炸式增长。美国国会图书馆拥有10 太字节的存储量，但是谷歌、苹果、脸书、亚马逊四大科技公司 2013 年一年收集的数据就是这个数字的大约 12 万倍。而且，从互联网视角来看，这已经是上一代的事情了。数据积累的加速节奏比阿波罗火箭还要快。2017 年，YouTube 每分钟上传的视频超过300 小时，Instagram 每天贴出的照片超过 1 亿张。更多的数据意味着更聪明的算法。

第三个支撑人工智能的因素是云计算。消费者几乎看不到这种趋势，但它对人工智能产生了巨大的民主化影响。为说明这一点，我们要对数据和石油进行类比。假设 20 世纪早期的所有公司都拥有一些石油，但是它们需要独自建设基础设施，以便开采、运输和提炼石油。如果一家公司有了利用石油的新思想，它需要面对巨大的固定起步成本。因此，大多数石油都不会得到使用。同样的逻辑也适用于数据，即 21 世纪的石油。如果用自己的数据打造人工智能系统需要购买所有的装备和专业人才，大多数爱好者和小公司都会面对难以负担的成本。不过，微软 Azure、IBM 和亚马逊 Web Services 等平台提供的云计算资源将这种固定成本转化成了可变成本，极大地改变了大规模数据存储和分析的支出比重。今天，任何想要使用个人"石油"的人都可以租用其他人的基础设施，以降低成本。

当你将这四种趋势——更快的芯片、大量数据、云计算以及最重要的优秀思想——放在一起时，用人工智能解决实际问题的需求和能力就会出现爆炸式增长。

人工智能焦虑

我们已经向你讲述了我们的学生对于人工智能多么兴奋，以及世界上最大的公司是如何迫不及待地迎接人工智能的。不过，如果我们说每个人都对这些新技术如此看好，我们就是在说谎。实际上，许多人对于工作、数据隐私、财富集中或者制造假新闻的俄罗斯推特机器人感到焦虑。一些人——最著名的是特斯拉和太空探索技术公司背后的科技企业家埃隆·马斯克（Elon Musk）——描绘了更加恐怖的图景：机器人获得了自我意识，不再愿意被人类统治，开始用硅片之拳统治我们。

让我们先来谈一谈马斯克的忧虑。他的观点获得了许多关注，这可能是因为拥有亿万身家的颠覆者对于人工智能的论述容易引起人们的注意。马斯克声称，人类开发人工智能技术是在"召唤魔鬼"，智能机器是"对我们的存在产生最大威胁"的物种。

读完我们这本书时，你可以自行判断这些担忧是否可信。不过，我们想提前警告你，你很容易落入认知科学家所说的"可得性启发法"的陷阱，即人们根据头脑中最早出现的任何例子来评估某种说法可信度的心理捷径。对于人工智能，这些例子主要来自科幻小说，而且大部分是邪恶的——比如终结者、博格和哈尔9000。我们认为，这些科幻案例具有强大的锚定效应，会使许多人减少对于"邪恶人工智能视角"应有的怀疑。我们可以想象，可以拍电影，但这并不意味着我们能把它制造出来。今天，没有人知道如何制造出像人类或者终结者那样拥有通用智能的机器人。在遥远的未来，你的后代子孙也许可以想出办法，甚至可以用机器人恐吓埃隆·马斯克的后代子孙。不过，这将是他们的选择和问题，因为今天的人们甚至无法确定遥远的未来是否存在这种可能性。对于现在和可以预见的未来，智能机器只在其特定领域拥有智能：

　　亚历克莎可以把意大利肉酱面的菜谱念给你，但她不能切洋葱。而且，她显然不能用菜刀攻击你。

　　自动驾驶汽车可以把你带到足球场，但它并不能充当比赛裁判，更不能根据自己的意志将你绑在门柱上，并把球踢向你的敏感部位。

此外，如果你担心我们很快会被拥有自我意识的机器人征服，这种担忧就会产生机会成本。现在关注这种可能性就像1952年实现首次商业飞行的德哈维兰航空公司担心高速星际旅行的影响一样。也许它在未来值得担忧，但是现在，我们有更加重要的事情值得担忧——还是用航班作类比，比如如何为今天天空中的所有飞机制定明智的管理政策。

这个政策问题引出了另一组对于人工智能的焦虑，它们更加可信，急切。人工智能会使人们失去工作吗？机器会无须担责地制定关于我们人生的重要决策吗？拥有最聪明机器人的人最终会拥有未来吗？

这些问题非常重要，它们一直在被人们讨论——在科技会议上，在全球各大报纸上，在我们同事的午餐餐桌上。我们应该提前告诉你，你无法在我们的书中找到这些问题的答案，因为我们不知道答案。和我们的学生一样，归根结底，我们对人工智能的未来是乐观的。当你读完这本书时，希望你也能拥有这种乐观。不过，我们不是劳动经济学家、政策专家和预言家。我们是数据科学家——同时也是学术人员，这意味着我们的本能是坚守我们的专业。我们相信我们的专业知识。我们可以让你了解人工智能，但是不能明确告诉你未来是怎样的。

不过，我们可以告诉你，我们知道人们对于人工智能的常见观点，这些观点都是不完整的。这些人强调大型科技公司的财富和力量，但是他们忽视了人工智能正在发生的、令人难以置信的民主化和扩散。他们强调机器用有偏数据制定重要决策的危险性，但是他们没能承认人类决策中持续存在的偏差甚至恶意。最重要的是，他们强烈关注机器可能破坏的东西，但是他们没有看到我们将会得到的东西：新的、更好的工作，新的便利，远离重复劳动的自由，更安全的工作环境，更好的医疗保健，更少的语言障碍，新的学习和决策工具。它们将会帮助我们成为更好、更聪明的人。

以就业为例。在美国，从 2010 年到 2017 年，失业报告不断创造新低，尽管人工智能和自动化作为经济力量在不断壮大。机器人自动化的脚步在中国更加迅猛，但中国的工资多年来一直在大幅上升。这并不意味着人工智能没有威胁到个体的工作，这种威胁是存在的，而且会持续存在，就像动力织布机威胁到了织工的工作，或者汽车威胁到了马车夫的工作。新技术总会改变经济所需的劳工成分，压低一些领域的工资，提升另一些领域的工资。人工智能也不例外。我们强烈支持通过工作培训和社会福利为那些被技术取代的人提供有意义的帮助。我们甚至可以将普遍基本收入作为解决方案，就像许多硅谷老板认为的那样。我们承认，我们不是这方面的专家。不过，到目前为止，人工智能会使未来的人失去工作的观点完全没有得到事实证据的支持。

还有市场操纵问题。亚马逊、谷歌、脸书和苹果等大型公司拥有巨大的力量。我们必须对这种力量保持警惕，以免它被用于遏制竞争或削弱民主标准。不过，不要忘了，这些公司之所以成功，是因为它们提供了人们喜爱的产品和服务。只有保持创新，它们才能继续取得成功，而这对于大型机构并不容易。此外，许多预测认为，今天的大型科技公司会永远保持统治地位，但是这些预测并不能解释过去，更不能预测未来。还记得戴尔和微软在计算领域保持统治地位的年代吗？或者诺基亚和摩托罗拉称霸手机领域的年代——当时它们极为强盛，你很难想象到后来的事情。还记得每个律师拥有黑莓手机、每个乐队在 Myspace 上开设账户、每个服务器来自太阳微系统的年代吗？还记得美国在线、百视达、雅虎、柯达或者索尼随身听吗？不同的公司来来去去，但时代一直在前进，产品一直在变得越来越先进。

我们对于人工智能的出现抱有现实的观点：它现在已经出现了，未来还会变得越来越普遍，不管我们每个人是否喜欢它。这些技术会带来巨大的利益，但它们也会不可避免地反映出我们这个文明的弱点。所以，我们需要警惕一些危险，比如隐私、平等、现有制度的危险以及没有人能预见的危险——如果我们希望在即时评论和 140 字符的世界里制定明智的政策，我们必须在社会层面上均衡地讨论这些问题，同时考虑到它们的重要性和复杂性。本书不会进行这种讨论。不过，我们会告诉你，要想在这种讨论中扮演明智的角色，你需要知道什么。

关于数学

在开始之前，我们要提醒你最后一点：本书将会涉及一些数学内容。即使你从不认为自己擅长数学，你也无须担心。人工智能的数学知识极其简单，我们保证你能理解。我们还可以保证，这种理解是值得的：如果你懂得人工智能背后的一点数学知识，人工智能在你心中的神秘感就会大大降低。

我们当然可以写一本关于人工智能的、不包含任何数学内容的书，因为我们一直在听人说，你可以选择数学或朋友，但你不能全选。我们的编辑最初恳求我们采取这种策略，并且低声嘟囔了什么，好像是"每增加一个数学符号，就会失去三千个读者"，也可能是"每增加一个希腊字母，就会失去五千个读者"。不管他说了什么，我们都拒绝了，因为经验告诉我们，你们并没有如此怯懦。我们两个人已经教了40年的数据科学和概率，许多工商管理硕士和本科生在学习之前也很害怕数学，甚至讨厌数学。不过，当他们知道他们听说过的所有人工智能应用程序（比如亚历克莎和图像识别）的工作原理时，这些学生全都眼前一亮——说到底，这些都只是大数据的概率而已。他们开始明白，那些公式并不像他们最初想象的那么难。到了最后，他们甚至觉得数学给了他们力量。他们意识到，在合适情况下，更加接近机器的思考方式——即根据数据和概率规则制定决策——甚至可以让你变得更加聪明。

所以，请跟着我们的思路阅读下面的七个章节。我们会向你介绍七个有趣的历史人物，每个人会带来一个重要思想，告诉你为什么智能机器需要聪明人，为什么聪明人需要智能机器。读完这本书，你会拥有更高的人工智能商，并且可以更好地理解思想与技术的结合可以使人类变得多么优秀。

目 录
contents

第一章　难　民

Chapter I　THE REFUGEE

论个性化：

一个匈牙利移民是怎样在第二次世界大战（以下简称"二战"）中用条件概率保护飞机躲避敌人火力的，今天的科技公司又是怎样用同样的数学方法在电影、音乐、新闻故事甚至癌症药品方面提供个性化建议的。

网飞（Netflix）走得太远太快了，你很难想起它最初是一家基于邮件的机器学习公司。直到 2010 年，公司的核心业务仍然包括向用户邮寄装有光盘的红信封，用户"永远不需要缴纳滞纳金"。每个信封会在寄出几天后被寄回，并附有用户对于电影的评分，评分范围是 1 到 5 分。随着评分数据的积累，网飞的算法会在其中寻找模式。随着时间的推移，用户可以获得更好的电影推荐。（这种人工智能通常叫作"推荐系统"，我们更喜欢称之为"推荐引擎"。）

　　网飞 1.0 专注于改进其推荐系统。为此，在 2007 年，公司向全世界的数学天才高调宣布了一场公开的机器学习竞赛，奖金为 100 万美元。网飞将一些评分数据放到公共服务器上，参赛者需要在网飞系统 Cinematch 的评分基础上提高至少 10%——即将网飞用户电影评分预测的准确率提高 10%。第一个超过 10% 门槛的团队将会赢得奖金。

　　在随后的几个月里，数千个团队参与了竞赛。一些团队已经很接近神奇的 10% 门槛了，但是没有人能够超越它。接着，在 2009

年，经过两年的算法改进，一个自称"贝尔科实用混沌"的团队最终提交了价值百万美元的代码，其准确率比网飞的引擎提高了10.06%。他们幸好没有在点击提交按钮之前观看新一集的《生活大爆炸》。就在贝尔科团队赢得这场两年竞赛的19分54秒后，另一个团队"合奏组"提交了将准确率提升10.06%的算法——可惜他们提交晚了。

事后看来，网飞大奖是该公司早期依赖核心机器学习任务的完美标志，这个任务就是用算法预测用户对电影的评分。接着，在2011年3月，一部名为《纸牌屋》的电视剧永远改变了网飞的未来。

《纸牌屋》是首部"网飞原创系列"。在这部电视剧中，该公司第一次尝试了内容制作，而不是仅仅从事发行工作。《纸牌屋》背后的制作团队最初带着他们的想法找到了所有大型电视网络，各家公司都表示了兴趣。不过，他们都很谨慎——他们都想先看一集试播集。毕竟，这部电视剧是关于谎言、背叛和谋杀的故事。你几乎可以想象到这些大型电视网络的疑问："我们如何确定有人愿意收看如此罪恶的东西？"事实上，网飞可以确定。根据该剧制作人的说法，网飞是唯一有此底气的电视网络，他们说，"我们相信你。我们运行了数据，结果表明，观众愿意收看这部电视剧。你们不需要制作试播集。你想做多少集？"

我们运行了数据，我们不需要试播集。想一想这种说法对于电视行业的经济意义。在《纸牌屋》首播的前一年，各大电视网络观看了113集试播集，总成本近4亿美元。其中，只有35部电视剧得到播出，只有 13 部——即 1/9——制作了第二季。显然，这些公司几乎不知道哪部剧集会取得成功。

那么，网飞在 2011 年 3 月知道了各大电视网络不知道的哪些事情呢？他们为什么对于自己平台的判断如此自信，愿意在推荐个性化电视剧的基础上开始制作个性化电视剧呢？

正确答案是，网飞拥有基础用户的数据。不过，虽然数据很重要，但是这种解释太过简单了。各家电视网络也有许多数据，包括尼尔森收视率、焦点小组和数千项调查的数据。如果他们相信数据的重要性，他们还可以用相当大的预算收集更多数据。

不过，网飞数据科学家拥有其他电视网络没有的两样东西，它们和数据本身一样重要：（1）对于数据提出正确问题所需的深厚的概率知识，（2）根据所得答案再造整个企业的勇气。所以，网飞发生了惊人的转变，从机器学习驱动的发行网络转变成了由数据科学家和艺术家共同制作优秀电视节目的新型制作公司。网飞首席内容官特德·萨兰多斯（Ted Sarandos）在接受《智族》（GQ）采访时说过一句名言："我们的目标是在 HBO 成为我们之前成为 HBO。"

今天，很少有哪家机构能够比网飞更好地将人工智能用于个性化，它所开创的方法现在已经主导了在线经济。你的数字轨迹为你带来了个性化推荐，包括声田上的音乐、YouTube 上的视频、亚马逊上的商品、《纽约时报》上的新闻故事、脸书上的朋友、谷歌上的广告以及领英上的工作。医生甚至可以用同样的方法根据基因向你提供治疗癌症的个性化建议。

过去，在你的数字生活中，最重要的算法是搜索。对于大多数人来说，这意味着谷歌搜索。不过，未来的关键算法不是搜索，而是推荐。搜索是狭窄而受限的。你需要知道应该搜索什么，而且会受到个人知识和经验的局限。推荐则是丰富而开放的，它所依据的是其他几十亿人积累的知识和经验。推荐引擎就像"幽灵软件"一样，它可能会在某一天比你更了解你的偏好，因为你可能并不了解自己的潜意识。例如，要不了多久，当你对亚历克莎说"我想冒险，请给我预订一个星期的旅游"时，它会给出令人惊喜的结果。

这些推荐引擎背后显然有许多复杂的数学知识。不过，如果你惧怕数学，你还是可以听到一些好消息，事实上，你只需要理解一个关键概念，那就是：对于学习机器来说，"个性化"意味着"条件概率"。

在数学上，条件概率是一件事情已经发生时另一件事情发生的概率。一个很好的例子是天气预报。如果你今天早上向窗外望去，看到云层在聚集，你可能认为要下雨了，并且带上雨伞去工作。在人工智能领域，我们将这种判断表述为条件概率——例如，"在今天早上多云的情况下，今天下午下雨的条件概率是60%。"数据科学家对此的表述更加紧凑：P（今天下午下雨 | 今天早上多云）。P 表示概率，竖线表示"给定"或"依据"。竖线左边是我们感兴趣的事件。竖线右边是我们已具备的知识，也叫"条件事件"，即我们相信或假设的真实事件。

人工智能系统用条件概率来表述判断，以反映它们已有的部分知识：

你刚刚给《神探夏洛克》打了高分。你喜欢《模仿游戏》或《谍影行动》的条件概率是多少？

你昨天在声田上听了法瑞尔·威廉姆斯（Pharrell Williams）的歌曲。你今天想去听布鲁诺·马尔斯（Bruno Mars）的条件概率是多少？

你刚刚买了有机狗粮。你还要买 GPS 狗项圈的条件概率是多少？

你在 Instagram 上关注了克里斯蒂亚诺·罗纳尔多（Christiano Ronaldo, @cristiano）。你还愿意关注莱昂内尔·梅西（Lionel Messi, @leomessi）或加雷斯·贝尔（Gareth Bale, @garethbale11）的条件概率是多少？

个性化基于条件概率，而所有条件概率必须用很大的数据集合来估计，这些数据需要以你为条件。在这一章，你将了解这件事背后的一些秘密。

二战英雄亚伯拉罕·瓦尔德

个性化背后的核心思想比网飞要古老得多，甚至比电视本身还要古老。实际上，要想理解过去十年流行文化参与方式的革命，最好的起点既不是硅谷，也不是布鲁克林或肖迪奇某个退订电视服务的千禧一代的房间，而是1944年欧洲占领区上方的天空。在那里，在历史上规模最大的空战中，某个人对于条件概率的掌握在盟军对德意志第三帝国的轰炸中挽救了无数轰炸机飞行员的生命。

二战期间，欧洲上方的空战达到了惊人的规模。每天早上，由英国兰开斯特飞机和美国B-17组成的大量编队从英国基地起飞，向英吉利海峡对面的目标飞去。到了1944年，盟军联合空军每个星期都要投下超过3500万磅炸弹。不过，随着空战的升级，损失也在升级。在1943年8月的一次任务中，盟军从16个空军基地派出了376架轰炸机，对德国施韦因富特和雷根斯堡的工厂实施联合轰炸。60架飞机再也没有飞回来——日损失率为16%。从英国皇家空军里奇维尔基地起飞的第381轰炸队的20架轰炸机在当天损失了9架。

二战时的空军痛苦地意识到，他们的每次任务都是在掷骰子。不过，面对这些冷酷的概率，轰炸机飞行员至少有三个防御法宝。

1. 他们自己的尾部和塔楼机枪手，用于驱赶攻击者。
2. 护航战斗机：和他们一同出发的喷火战斗机和P51野马战斗机，用于保护轰炸机，对抗德国空军。
3. 一个匈牙利裔美国统计学家，名叫亚伯拉罕·瓦尔德。

亚伯拉罕·瓦尔德从未击落过梅塞施密特飞机，甚至没有见过战斗机的内部结构。不过，他用同样强大的武器为盟军的战斗做出了极大贡献，这个武器就是条件概率。具体地说，瓦尔德打造了一个推荐系统，可以为不同类型的飞机提出个性化存活建议。这个系统的核心与基于人工智能的现代电视剧推荐系统完全相同。当你知道它的原理时，你会更加理解网飞、Hulu、声田、Instagram、亚马逊、YouTube 以及几乎每家为你提出过有价值自动建议的科技公司。

瓦尔德的早期岁月

1902 年，亚伯拉罕·瓦尔德出生在匈牙利克鲁兹瓦的一个犹太教正统派大家庭里。克鲁兹瓦第一次世界大战（以下简称"一战"）后成了罗马尼亚的一部分，并且更名为克鲁日。亚伯拉罕的父亲在城里的面包店上班，他为六个孩子创造了学习和求知的家庭氛围。在成长过程中，小瓦尔德和兄弟姐妹们拉小提琴，研究数学问题，在祖父身边听故事。他的祖父是一位受人敬爱的著名拉比。瓦尔德进入了当地大学，并在 1926 年毕业。随后，他去了维也纳大学，跟随著名学者卡尔·门格尔（Karl Menger）学习数学。

到了 1931 年博士毕业时，瓦尔德已经以罕见天才的身份崭露头角。门格尔将他的论文称为"纯粹数学著作"，认为它"深刻、优美、极具重要性"。不过，奥地利没有一所大学愿意雇用犹太人，不管他多么有才华，也不管他的著名导师多么强烈地推荐他。于是，瓦尔德开始考虑其他工作。实际上，他曾告诉门格尔，他愿意接受能让他糊口的任何工作，他只想继续证明定理，参加数学研讨会。

起初，瓦尔德做了富有的奥地利银行家卡尔·施莱辛格（Karl Schlesinger）的私人数学家教。他后来一直对施莱辛格心存感激。之后，在1933年，他被奥地利经济周期研究所聘为研究员。在那里，另一位著名学者对瓦尔德产生了深刻印象，他就是博弈论的发明者之一、经济学家奥斯卡·摩根斯坦（Oskar Morgenstern）。瓦尔德和摩根斯坦并肩工作了五年，共同分析经济数据的季节变动。正是在这个研究所里，瓦尔德首次接触到了统计学，这个学科很快就会成为他职业生涯的核心。

不过，奥地利上方的黑云仍在聚集。正如瓦尔德的导师门格尔所说，"维也纳的文化就像一丛娇嫩的花朵，主人不为它提供土壤和空气，而邪恶的邻居正在等待时机毁掉整个花园。"1938年春天，灾难降临了：德国和奥地利合并了。3月11日，希特勒罢免了奥地利民选领导人库尔特·舒施尼格（Kurt Schuschnigg），换上了一个纳粹傀儡。几小时后，十万德意志国防军毫无阻拦地越过了边界。到了3月15日，他们已经走上了维也纳街头。曾在1931到1932年短暂帮助过瓦尔德的卡尔·施莱辛格当天在痛苦中结束了自己的生命。

幸运的是，瓦尔德在经济统计学领域的工作获得了国外的关注。在前一年即1937年的夏天，科泉市的一所经济研究所邀请他前往美国。瓦尔德对此很高兴，但他最初不愿意离开维也纳。不过，德奥合并改变了他的想法，因为他看到奥地利犹太人遭受了疯狂的谋杀、偷窃和背叛。他们的商店遭到洗劫，他们的住宅被人践踏，他们在公共生活中的角色被纽伦堡法律剥夺——包括瓦尔德在经济周期研究所的工作。瓦尔德不想对他的第二故乡维也纳说再见，但他发现疯狂的氛围正在变得日益强烈。

于是，在1938年夏天，他冒着极大的风险偷偷越过边境，躲过禁止犹太人逃离奥地利的卫兵，进入罗马尼亚，然后前往美国。离开的决定很可能拯救了他的生命。瓦尔德的父母、祖父母和五个兄弟姐妹留在了欧洲——除了弟弟赫尔曼（Hermann），其他人都在犹太人大屠杀中遇难。那时，瓦尔德已经到了美国。他很安全，工作很努力。他结了婚，有了两个孩子。他在新生活的喜悦中寻求安慰。不过，家族命运带来的悲伤使他备受打击，他再也没有拉过小提琴。

瓦尔德在美国

为了确保希特勒受到应有的惩罚，亚伯拉罕·瓦尔德做出了极大的努力。

1938年夏天，35岁的瓦尔德来到美国。虽然他想念维也纳，但他立即喜欢上了自己的新家。科泉市与他小时候所在的喀尔巴阡山麓非常相似，他的新同事也用温暖和关爱接待他。不过，他在科罗拉多的时间并不长。奥斯卡·摩根斯坦也逃到了美国，此时在普林斯顿工作。他向整个美国东海岸的数学朋友们介绍了他的老同事瓦尔德，称他是"拥有杰出天赋和优秀数学才能的绅士"。瓦尔德的名声不断增长，他很快受到了纽约著名统计学教授哈罗德·霍特林（Harold Hotelling）的关注。1938 年秋，瓦尔德受邀加入了霍特林在哥伦比亚大学的团队。他一开始是研究助理，但他在教学和研究上的表现都很突出，很快获得了终身教员职位。

到了 1941 年末，瓦尔德已经在纽约生活了三年。此时，除了装聋作哑的人，所有人都知道大西洋对面发生的事情意味着什么。在两年时间里，英国一直在独自对抗纳粹。正如丘吉尔所说，这"不仅是为了拯救欧洲，也是为了拯救人类"。不过，在两年的漫长时间里，美国一直袖手旁观。直到珍珠港被炸，美国人才从麻木中被唤醒。不过，他们终于还是醒来了。年轻人纷纷应征入伍。妇女们进入了工厂和护理室。科学家也冲向了实验室和教室，尤其是逃离纳粹魔爪的众多移民：阿尔伯特·爱因斯坦（Albert Einstein）、约翰·冯·诺伊曼（John von Neumann）、爱德华·泰勒（Edward Teller）、斯坦尼斯瓦夫·乌拉姆（Stanislaw Ulam）以及在战争期间为美国科学提供决定性推动力的其他数百名杰出难民。

亚伯拉罕·瓦尔德也急于响应号召。他很快获得了机会。他的同事 W. 艾伦·沃利斯（W. Allen Wallis）邀请他加入哥伦比亚统计研究小组。这个小组是由四位统计学家在 1942 年成立的，他们定期在曼哈顿中心区洛克菲勒中心一个昏暗的房间里集会，为军队提供统计咨询。作为学术人员，他们起初不习惯在压力下提供建议。这有时会闹出一些笑话，体现出他们对于战争需求的理解偏差。在统计研究小组成立早期，一位数学家愤怒地抱怨说，秘书要求他将方程写在纸的正反面上，以节省纸张。

不过，这种状态并没有持续很久。到了1944年，统计研究小组已经发展成一支成熟的团队，拥有16位统计学家以及30个来自亨特和瓦萨学院、负责计算工作的年轻女性。这个团队为军方的科学研究开发办公室提供了不可缺少的科技建议，就连最高级别的领导也在寻求他们的指导。而且，这种指导取得了效果。哥伦比亚的统计学家并没有像同时期的洛斯阿拉莫斯和布莱切利公园团队那样取得可怕或著名的成果。不过，他们的贡献更加广泛，对于战争产生了深远影响。他们研究了火箭推进剂、鱼雷、近炸引信、空战几何、商船弱点——任何有利于战争的数学问题，他们都有所涉猎。团队领导人沃利斯后来回忆道：

> 在1944年12月的坦克大决战中，一些陆军高级军官从战场飞往华盛顿，用一天时间讨论针对地面部队的炮弹空中近炸引信的最佳布局，然后飞回战场……这种责任感虽然很少被人谈及，但它总是弥漫在空气中，产生了强大、持续、无处不在的压力。

幸运的是，这个团队拥有美国最优秀的数学人才，其中许多人后来成了各自领域的领导者。有两个人成了大学校长。有四个人做过美国统计学会主席。米娜·里斯（Mina Rees）成了美国科学促进会首位女性主席。米尔顿·弗里德曼（Milton Friedman）和乔治·斯蒂格勒（George Stigler）获得了诺贝尔经济学奖。

在这个全明星团队里，亚伯拉罕·瓦尔德充当了多面手角色，就像勒布朗·詹姆斯（LeBron James）一样，只有最困难的问题才会被放在他的书桌上，因为正如团队领导人所说，就连他的天才同事们也意识到，"瓦尔德的时间非常宝贵，不能浪费"。

瓦尔德与失踪的飞机

瓦尔德对于团队最著名的贡献是一篇论文，这篇论文发明了顺序抽样的数据分析方法。根据他的数学思想，工厂可以实施更加聪明的检查方案，以提高坦克和飞机产品的合格率。当这篇论文被军方解密时，瓦尔德成了学术名人，20 世纪的统计学轨迹也发生了改变，因为世界各地的研究人员都在迫不及待地将瓦尔德的数学思想应用到新领域——尤其是临床试验，该领域今天仍然在使用这些思想。

不过，我们这里的故事是网飞式个性化的指数增长，它与亚伯拉罕·瓦尔德另一个几乎被所有人误解的贡献有关，即飞机个性化存活建议的设计方法。

盟军空军每天都会派出大量飞机编队攻击纳粹目标，许多飞机带着敌方火力造成的损伤返回基地。在某个时候，海军中有人想到了一个好主意，即分析这些返航飞机上的损伤分布。这种想法很简单：如果能找到飞机遭受打击部位的分布规律，你就可以用更多的装甲加固这些部位。而且，每一种飞机可以实施个性化加固方案，因为灵活的 P-51 战斗机面临的威胁与笨拙的 B-17 轰炸机是完全不同的。

根据这种天真的策略，返航飞机拥有许多弹孔的地方应该安装更多装甲。不过，这不是一个好主意，因为海军并没有被击落飞机的任何数据。要想知道缺失数据的重要性，我们来考虑一个极端例子。假设轰炸机的发动机遭受一次打击就会导致坠机，但机身上的打击不会对它造成伤害。如果这是事实，海军的数据分析员就会看到数百架机身带有无害弹孔的返航轰炸机——但是没有一架返航飞机的发动机附近带有弹孔，因为每一架这样的飞机都会坠毁。在这种场景下，如果你只是在看到弹孔的地方——即机身——增加装甲，那么你反而会给轰炸机添累赘，因为你增加的重量对抗的是不存在的危险。

这个例子属于幸存者偏差的极端案例。虽然真实世界远远没有这么极端——击中发动机的子弹并非 100% 致命，击中机身的子弹也不是 100% 无害的——但是这个例子中的统计意义仍然存在：返航飞机的损伤模式需要得到仔细分析。

现在，我们必须停下来，解释一下另外两件重要的事情。首先，互联网酷爱这个故事。其次，几乎所有讲述这个故事的人都讲错了——除了 1984 年发表在《美国统计学会期刊》上的一篇鲜为人知的、高度学术化的论文。

你可以在网上搜索"亚伯拉罕·瓦尔德"和"第二次世界大战"。你会看到一篇又一篇的博客，其大致内容是，一个名叫瓦尔德的数学斗士阻止了海军笨蛋们的一个可怕错误，没有让他们将一堆不必要的装甲安装在飞机机身上。我们看到了几十篇这样的文章。为了帮你免去这项枯燥的任务，我们将其提炼成了下面的概述。

二战期间，海军发现，轰炸德国并返航的飞机上具有惊人的损伤分布，大多数弹孔位于机身上。海军人士得到了显而易见的结论：应该在机身上增加装甲。不过，他们还是把数据交给了亚伯拉罕·瓦尔德，以便进行确认。瓦尔德的灰质小细胞开始运转起来。接着，他眼前一亮。"等一下！"瓦尔德叫道，"错了。我们之所以没有看到发动机的损伤，是因为被击中发动机的飞机飞不回来了。需要增加装甲的是发动机，而不是机身。"瓦尔德指出了海军思维中的重要缺陷：幸存者偏差。他最终的救命建议与其他所谓专家们的建议恰恰相反：把装甲放在看不到弹孔的地方。

我们可以看到为什么这个版本的故事如此令人难以抗拒：违反直觉的路径最终来了个 360 度大转弯。假设你随便问街上的一个人，"要想帮助飞机在敌人的火力中幸存，我们应该在哪里增加装甲？"我们没有做过这种调查，但我们怀疑大多数人会回答"发动机"。不过，对于数据的天真解释最初似乎意味着不同的建议：如果返航飞机的机身受损，那么看在上帝的份上，让我们把装甲安装在那里吧。在故事中，只有像瓦尔德这样的天才才能看到问题的核心，让我们回到最初符合直觉的结论上。

可惜，根据我们掌握的历史资料，这种说法几乎没有什么依据。更糟糕的是，这个以幸存者偏差为核心思想，并且得到美化的故事版本忽略了亚伯拉罕·瓦尔德对于盟军作战真正重要的贡献。数据中的幸存者偏差是个明显的问题，每个人都知道这一点。否则，他们一开始就没有理由去找统计研究小组了：对海军来说，统计弹孔的工作不需要一群数学教授帮忙。实际上，他们的问题更加复杂：在缺少大多数相关数据的情况下，如何估计飞机在某个位置被敌人击中时幸存的条件概率。海军人士不知道如何进行这种估计。他们非常聪明，但他们并没有亚伯拉罕·瓦尔德那么聪明，这绝非侮辱。

瓦尔德的真正贡献并不是向糊里糊涂的海军司令指出幸存者偏差问题，他的贡献要更加微妙，更加有趣。他的功绩不是发现问题，而是提出解决方案：一个"幸存推荐系统"，它可以为指挥官提供定制建议，告诉他们如何根据战斗损伤数据提高任意飞机型号的存活率。用统计研究小组领导人的话来说，瓦尔德的算法是"美国统计学历史上最伟大的人物之一的杰作"。虽然瓦尔德的算法直到20世纪80年代才被发表，但它在二战以及之后的许多年里一直在被使用。在越南战争中，海军将瓦尔德算法用在了A-4天鹰飞机上。数年后，空军用它改进B-52同温层堡垒飞机的装甲。B-52是美国军队历史上服役时间最长的飞机。

缺失的数据：你不知道的事情会欺骗你

你现在知道，亚伯拉罕·瓦尔德提高飞机存活率的问题与网飞提出个性化电影建议的问题非常相似。不过，这里有一个很大的难题。

美国海军，1943年："我们想要根据所有飞机的损伤数据估计出某架飞机某个位置被敌人击中时坠毁的条件概率。我们可以根据这个概率为每个飞机型号制定个性化幸存建议。不过，许多数据是缺失的：坠毁的飞机永远不会返航。"

网飞，70年后："我们想要根据所有用户的评分数据以及某位用户的收视历史估计出他喜爱某部电影的条件概率。我们可以根据这个概率为每位观众提供个性化电影推荐。不过，许多数据是缺失的：大多数用户看过的电影并不多。"

这个难题是，亚伯拉罕·瓦尔德和网飞需要在缺少数据的情况下估计条件概率。有时，缺失的数据可能很有信息量。

例如，考虑本书两位作者之一（波尔森，伊利诺伊人）首次前往奥斯汀拜访另一位作者（斯科特，得州人）时发生的事情。在去往当地咖啡店的路上，我们看到街上停着一辆白色大货车，上面写着：

ARMADILLO（犰狳）
PET CARE（宠物护理）

想到这家当地企业的工作是护理这些极具异域风情的生物，波尔森感到很滑稽。犰狳也能做宠物吗？它们会记住自己的名字吗？为什么要用这么大的货车呢？

这时，一名送货员推着堆满包裹的手推车离开了货车，露出了平凡的真相：

ARMADILLO（犰狳）
CARPET CARE（地毯护理）

有时，缺失的数据会改变整个故事。

亚伯拉罕·瓦尔德关于飞机存活率的数据也是如此。虽然他的原始数据湮没在了历史中，但是我们可以用他公开的海军报告假想他所面对的情况。让我们跟随瓦尔德的足迹，想象他在研究 1943 年 8 月施韦因富特 - 雷根斯堡空袭的数据。在此次空袭中，盟军在一天里损失了 376 架飞机中的 60 架。来自战场的原始数据看上去应该是这样的，其中问号表示数据缺失：

飞机	损伤类型	任务结果
1. 地狱猫艾格尼斯	机身	返航
2. 布朗克斯轰炸机	?	被击落
3. 手枪包和教皇	发动机	返航
……	……	……
375. 思乡天使	?	被击落
376. 简的灾难	无	返航

瓦尔德可以根据这些报告的损伤类型和任务结果制作交叉表格[①]，得到下表：

损伤类型	返回（共 316 架）	被击落（共 60 架）
发动机	29	?
驾驶舱	36	?
机身	105	?
无	146	0

在返航的 316 架飞机中，105 架机身受损。根据这个事实，瓦尔德可以估计飞机在安全返航的情况下机身受损的条件概率：

$$P（机身受损 | 安全返回）=105/316 \approx 32\%$$

不过，这是对于错误问题的正确回答。实际上，我们想要知道的是相反的答案，即飞机机身受损时安全返航的条件概率。这可能是一个完全不同的数字。

---

① 类似于电子表格中的数据透视表。

这引出了一个重要规则：条件概率不是对称的。瓦尔德知道 P（机身受损 | 安全返回），但他不一定知道相反的概率，即 P（安全返回 | 机身受损）。为说明原因，考虑一个简单的例子：

- 所有美职篮球员都在打篮球，这意味着 P（打篮球 | 在美职篮打球）接近 100%。
- 在所有打篮球的人中，只有很少一部分人能进入美职篮，这意味着 P（在美职篮打球 | 打篮球）接近 0%。

所以，P（打篮球 | 在美职篮打球）不等于 P（在美职篮打球 | 打篮球）。在考虑概率时，你应该清楚哪个事件在竖线左边，哪个事件在竖线右边。

瓦尔德知道这一点。他知道，要想计算 P（飞机安全返回 | 机身受损）这类概率，他需要估计有多少飞机机身受损并且无法返航。他的任务是在上表画问号处写上数字，即重建被击落飞机的统计特征，以填充缺失的数字。数据学家将这个过程称为"插补"，它通常比"切断"要好得多，后者意味着直接砍掉缺失数据。

瓦尔德的插补尝试完全取决于他的建模假设。他只能根据返航飞机上无声的弹孔证据以及假想的空战模型重现 B-17 与敌人相遇的典型场景。为确保建模假设尽量真实，瓦尔德开始了像法医科学家一样的工作。他分析了敌军战斗机可能的攻击角度。他与工程师们闲聊。他研究了高射炮发出的弹片云的性质。他甚至建议军方向一架飞机发射数千枚假子弹，以制作损伤表格。

当他完成所有这些工作时，瓦尔德设计出了重建完整表格的方法。根据他的空战模型，他做出了像下面这样的估计：

受损类型	返回（共316架）	被击落（共60架）
发动机	29	31
驾驶舱	36	21
机身	105	8
无	146	0

根据这样的完整数据集，你很容易估计出瓦尔德所需的条件概率。例如，在机身受损的113架飞机中，105架返回基地，约有8架没有返回。所以，飞机机身受损时安全返回的条件概率为

$$P(\text{飞机安全返回} \mid \text{机身受损}) = \frac{105}{105+8} \approx 93\%$$

根据这个估计值，B-17机身被击中时很有可能幸存。

另一方面，在发动机受损的60架飞机中，只有29架安全返回。所以

$$P(\text{安全返回} \mid \text{发动机受损}) = \frac{29}{29+31} \approx 48\%$$

发动机受损的轰炸机被击落的可能性要大得多。

瓦尔德终于得到了可以供海军使用的数据。除了针对这种飞机

的数据，海军还可以用瓦尔德的方法为每一种型号的飞机制定个性化幸存建议。事实证明，条件概率加上对于缺失数据的仔细建模是一个救命组合。

缺失的轰炸机，缺失的评分

70 年后，同样的思想在网飞的公司转型过程中发挥了重要作用。

一切始于网飞 1.0 的推荐系统。我们在此对其进行粗略的解释。想象设计这个系统的艰巨任务落在了你的头上。这个系统的输入是用户的收视历史，输出是对于用户是否喜爱某部电视剧的预测。根据瓦尔德的故事，你决定从一个简单例子入手：评估用户在喜爱 HBO 连续剧《兄弟连》的情况下喜爱电影《拯救大兵瑞恩》的概率。这似乎很好判断，因为两者都是关于诺曼底登陆及其余波的史诗级作品。

对于这对作品，答案很简单：可以推荐。不过，别忘了，你希望自动完成这种判断。如果将一个庞大的评价团队放到这个推荐循环里，让他们费力地为所有可能的电影匹配做出相似性标记，这显然是不划算的。然而，你现在拥有网飞的整个数据库，知道哪些顾客喜欢哪些电影。你的目标是利用这种庞大的数据资源实现推荐系统的自动化。

这里的关键是在条件概率的框架下考虑问题。假设对于某对电

影A和B，P(某个随机用户喜欢电影A|同一个随机用户喜欢电影B)很大——比如80%。现在，根据琳达（Linda）的收视历史，我们知道她喜欢电影B，但是还没有看过电影A。电影A是良好推荐吗？由于她喜欢B，因此她喜欢A的概率是80%。

那么，我们如何知道像P（用户喜爱《拯救大兵瑞恩》|用户喜爱《兄弟连》）这样的概率呢？这就是你的数据库发挥作用的地方。为简便起见，假设数据库中有100人，每个人都看过这两部电影。他们的观看历史形成了一个巨大的"评价矩阵"，其中的行对应用户，列对应电影。

用户	喜欢《拯救大兵瑞恩》？	喜欢《兄弟连》？
1. 亚伦	是	是
2. 艾丽斯	是	是
……	……	……
99. 温迪	否	否
100. 扎克	是	否

接下来，你统计对于这两部电影具有各种偏好组合的用户数量，从而根据评价矩阵的数据制作交叉表格：

	喜欢《兄弟连》	不喜欢
喜欢《拯救大兵瑞恩》	56位用户	6位用户
不喜欢	14位用户	24位用户

根据这张表，我们很容易算出推荐系统所需的条件概率：

- 70 位用户喜欢《兄弟连》（56+14）。

- 在这 70 位用户中，56 人喜欢《拯救大兵瑞恩》，14 人不
  喜欢。

你可以由此计算喜欢《兄弟连》的人喜欢《拯救大兵瑞恩》的
条件概率：

$$P(\text{喜欢《拯救大兵瑞恩》} \mid \text{喜欢《兄弟连》}) = \frac{56}{56+14} = 80\%$$

这种方法的重要优点在于，它是自动的。计算机目前还不善于
自动扫描电影的剧情内容，但它们非常擅长统计——即根据用户观
看历史数据库中的庞大评价矩阵制作交叉表格，估计条件概率。

网飞真正面对的问题比这个小例子要复杂得多，原因至少有三
个。首先是规模。网飞的用户数不是 100，而是 1 亿。其评价数据
涉及的不是两部作品，而是超过一万部。因此，其评价矩阵拥有超
过一万亿个可能的条目。

第二个问题是缺失。大多数用户只看过一部分电影，因此在评
价矩阵超过一万亿个的条目中，大部分条目是缺失的。而且，就像
二战时轰炸机的例子一样，这种缺失模式是有信息量的。如果你没
看过《搏击俱乐部》，那么你可能还没来得及看——但你也可能对
虚无主义电影根本不感兴趣。

最后是组合爆炸问题。或者，如果你喜欢《搏击俱乐部》和数

学哲学，你可能会采用下面的说法：每个网飞用户都是一片美丽而独特的现象雪花。在只有两部电影的数据库中，数百万用户具有相同的偏好组合，因为这种组合只有四种可能：都喜欢，都不喜欢，喜欢一个而不喜欢另一个。一万部电影的数据库就不是这样了。考虑你自己的观影历史。没有一个人的观影历史和你完全相同。现在没有，未来也不会有，因为可以出现差异的地方太多了。即使数据库中只有 300 部电影，喜欢或不喜欢这些电影的可能组合（2^{300}）也远多于宇宙中的原子数量（约 2^{272}）。在数到 $2^{10,000}$ 之前，你可能早就坚持不下去了——从现实角度看，电影偏好的种类是无穷无尽的。

这引出了一个重要问题。既然你和别人的收视历史都是独一无二的，网飞怎么能根据你和别人的收视历史为你做出推荐呢？

所有这三个问题的解决方案是建立细致的模型。瓦尔德建立了 B-17 与敌方战斗机相遇的模型以解决数据缺失问题。类似地，网飞也建立了用户观影模型，以解决它所面对的问题。网飞目前的模型是商业机密，但赢得网飞百万大奖的"贝尔科实用混沌"团队将其模型免费发布到了网上。下面是该模型的核心原理。（别忘了，网飞的评分范围是 1 到 5，我们可以用简单的截止线作为喜欢和不喜欢的预测阈值，比如四星。）

这里的基本公式是

$$预测评分 = 总平均值 + 电影偏移 + 用户偏移$$
$$+ 用户电影相互作用$$

这个公式的前三部分很容易解释。

- 所有电影的总平均分是 3.7 星。
- 每部电影拥有自己的偏移。《辛德勒名单》和《莎翁情史》拥有正向偏移，因为它们很受欢迎。《奶爸别动队》和《特警判官》拥有负向偏移，因为它们不受欢迎。
- 每位用户拥有一个偏移，因为一些用户更加挑剔，一些用户更加随和。也许弗拉基米尔（Vladimir）是个愤青，对每部电影的评价都很严厉（负向偏移），唐纳德（Donald）则认为所有电影都很精彩，对它们评价很高（正向偏移）。

这三项为每对用户电影组合提供了一个基准评分。例如，假设你向暴躁的弗拉德（Vlad，用户偏移 =-0.2）推荐《海底城》（电影偏移 =0.4）。弗拉德的基准评分将会是 3.7+0.4-0.2=3.9。

不过，这仅仅是基准。它忽略了用户与电影的相互作用，这也是数据科学最能发挥作用的地方。为估计这种相互作用，获奖团队建立了"潜在特征"模型。（"潜在特征"仅仅意味着某种没有得到直接测量的事物。）这里的想法是，一个人对于相似电影的评分之所以存在规律，是因为这些评分与这个人的潜在特征有关。我们可以用每个人之前的评分估计他的潜在特征，并用这些特征预测该用户对他还没看过的电影的评分。这种思想随处可见，并且具有许多不同的名字：

- 调查对象对于工作和教育问题会给出类似的答案。二者都与"社会经济状况"这一潜在特征有关。社会经济状况还可以用于预测调查对象对于收入问题的回答。社会学家称之为"因素分析"。

- 参议员会以类似的方式对税收和医疗保健政策投票。二者都与"意识形态"这一潜在特征有关。意识形态还可以用于预测参议员对于国防开支的投票。政治学家称之为"理想点模型"。

- SAT 考生对于几何和代数问题的回答具有相似的模式。二者都与"数学能力"这一潜在特征有关。数学能力还可以用于预测学生对于三角问题的回答。考试设计者称之为"项目反应理论"。

- 网飞用户会对《我为喜剧狂》和《发展受阻》给出相似的评分。二者都与"诙谐古怪喜剧喜爱度"这一潜在特征有关。这种喜爱度还可以预测用户对《公园与游憩》的评分。数据学家称之为"基于用户的协同过滤"。

当然,描述网飞用户的潜在特征不是一个,而是几十个甚至几百个。有"英国谋杀谜案"特征,"硬汉型犯罪戏"特征,"烹饪节目"特征,"颓废喜剧电影"特征等。这些特征组成了一个大型多维空间的坐标轴,每个用户在这个空间中都占有一个独特的位置,对应于他的独特偏好组合。喜欢《波洛》但是受不了《毒枭》的暴力吗？也许你在英国谋杀谜案坐标轴上是 +2.5，在犯罪戏坐标轴上是 -2.1。钟爱《天才一族》但是觉得《英国家庭烘焙大赛》令人昏昏欲睡吗？也许你在颓废喜剧上是 3.1，在烹饪节目上是 -1.9。

整个过程最精彩的地方在于，定义这些坐标轴的潜在特征不是提前确定的。相反，它们是人工智能通过数千万用户评分的相关模式发现的。确定节目相似性的不是评论家或标注员，而是数据。

隐藏的特征最有信息量

我们终于可以完成这个人工智能个性化的故事了。在这个故事中，通过条件概率在大量数据中发现的用户级潜在特征是网飞从分销商转型成制作商背后的隐性推动力。这些潜在变量也是数字经济的灵丹妙药——数据、算法和人类思想的神奇组合孕育出了人类可以想到的最完美的定向营销工具。网飞的经营者意识到了这一点。他们决定用这种工具亲自制作电视节目，而且从未回头。

想一想网飞作为内容提供商的不同之处。和大型电视网络不同，网飞不关心你的年龄、种族和居住地。它不关心你的工作、教育、收入和性别。而且，它当然不关心广告商的想法，因为广告商没有任何想法。网飞只关心你喜欢什么电视节目——它对此了如指掌，而这基于它对用户潜在特征的估计。

有了这些特征，网飞可以根据数百条不同标准对用户群进行分割。你喜欢戏剧还是喜剧？你是球迷吗？你喜欢烹饪节目吗？你喜欢音乐剧吗？你喜欢演员阵容更具多样性的电影吗？你是喜欢完整地观看动作电影，还是喜欢在暴力情节出现时快进？你看动画片吗？你的个人收视历史模式加上其他所有人的历史模式可以为上述每个问题以及其他数百个问题给出具有数学精准度的答案。你的潜在特征的精准组合——你在巨大的多维欧氏空间中占据的小角落——使你成了独一无二的个体。

于是，网飞发明了新的商业模式，即委托世界级艺术家制作精彩的故事——一些故事针对一小群受众，另一些故事针对另一小群受众。一个很好的例子是《王冠》，这是一部关于女王伊丽莎白二世早年生活的多层次豪华电视剧。截至 2017 年，《王冠》是世界上最昂贵的电视剧，10 集内容花费了 1.3 亿美元。这些预算中包括 7000 件还原历史面貌的服装，最著名的是一件 3.5 万美元的王室婚纱。听起来，网飞似乎像喝醉的水手一样在为新节目花钱。不过，不要忘了下面这些血淋淋的数字：网络电视在一年之中要花费 4 亿美元制作 113 部剧的试播集，其中只有 13 部剧能够有机会播放第二季。既然花费几亿美元制作没有前途的节目已经成了行业标准，价值 300 个网飞年度用户会费的婚纱看上去已经很便宜了。所以，与其把网飞比作喝醉的水手，不如说它是拥有水晶球的预言家——这个基于数据和概率的水晶球可以让网飞精确地知道用户愿意为什么样的节目花费 1.3 亿美元。知道这一点以后，他们就可以委托艺术家去做剩下的工作了。

就连这种方法的有效性也开始从数字中显现出来。网飞没有发布收视数据，但是我们至少有一个标尺，那就是奖项。2015年，网飞在艾美奖提名中排在各电视网络中的第六位。到了2017年，它已经排到了第二位，其91项提名只落后于HBO的110个，而当大热剧《权力的游戏》出到最后一季时，HBO有理由感到担忧。像网飞这样的流媒体对各大奖项的大包大揽似乎只是时间问题。

不管怎样，网飞的个性化模式已经主导了数字经济。如果数字生活的未来关乎推荐而非搜索，就像我们认为的那样，那么这个未来一定也关乎条件概率。

推荐引擎的混合遗产

过去十几年，在学术和产业界，推荐引擎已经成了人工智能的一个重要研究领域。虽然这份遗产还没有得到充分利用，但是我们应该反思一下我们目前所处的位置。在这方面，我们既有好消息，也有坏消息。

定向营销的阴暗面

首先是坏消息：这些技术不仅仅被用于在电视剧和音乐等娱乐活动上提供建议。推荐引擎还有一个阴暗面，它被用于制造不和，宣传犬儒思想。最好的例子就是俄罗斯特工在美国2016年总统选举几个月前对于脸书的使用。

脸书在广告商之中很受欢迎，这和网飞在电视观众之中很受欢迎是一样的道理：它掌握了根据用户数字轨迹进行定向营销的艺术。过去，如果一家公司想要向某些群体进行宣传——比如大学生，或者小学生的父母——他们会在目标受众可能关注的地方投放广告。营销人员根据人们喜欢收看这个节目或阅读那份杂志的汇总数据制定这类投放广告的决策。不过，他们无法定位到个体。营销人员的格言说得好：宣传经费中有一半会浪费掉，但是我们不知道哪一半是有用的。

如果过去的广告是钝器，那么今天的广告就是激光束。营销人员现在可以为他们能想到的任意目标群体设计在线广告，这个群体在人口统计特征和心理统计特征上的详细程度可能会把你弄晕。例如，如果你要求脸书销售团队将"专业青年"这类模糊的群体定为目标受众，对方可能会暗中偷笑。他们会说，你到底想要将谁作为目标？律师还是银行家？民主党人还是共和党人？球迷还是歌剧行家？黑人还是白人？男人还是女人？北方人还是南方人？牛排还是色拉？如果是色拉，是冰山色拉还是甘蓝色拉？这份清单是没完没了的。一旦你确定受众，脸书的算法就可以精确挑选出需要定位的用户，并且可以在他们最有可能接受消息的那一刻向他们显示广告或赞助帖。这使营销人员欣喜若狂——所以，在我们写书时，脸书的市值超过了5000亿美元，比瑞典国内生产总值还要多。

这种定向营销已经持续了一段时间。从行为判断，大多数脸书用户愿意接受这种"用数据换八卦"的交易，因为他们仍然在使用该平台。不过，当俄罗斯在美国 2016 年总统选举中巧妙利用脸书广告定位系统在选民之中引发纷争一事曝光后，许多人开始产生警惕。例如，在"黑人的命很重要"抗议活动发生后，俄罗斯特工找到了一群在脸书上支持警察的用户。他们向这些用户发布了一则广告，其中一张图片显示了某警察葬礼上覆盖国旗的灵柩，其文字说明是："黑人运动激进分子对警察的另一次可怕袭击。我们的心和这11 位英雄在一起。"他们向一群保守的基督教徒用户发布了另一则广告：希拉里·克林顿与一个戴头巾妇女握手的照片，文字说明用仿阿拉伯字体写着"支持希拉里。美国穆斯林。"针对纽约人和得州人，性少数群体和美国步枪协会支持者，素食者和民权活动家，俄罗斯人制作了不同的广告——所有这些广告以无情的算法效率得到了投放。

想到国外敌对力量以社交媒体为武器影响美国选举，任何党派和职业的任何人都会感到吃惊。显然，在俄罗斯资金与身份政治这杯有毒的鸡尾酒中，推荐引擎背后的技术至少是一种配料。不过，在这些几乎得到普遍认可的观点之外，当你考虑其他问题时，事情会变得非常复杂。例如：

1. 这些活动是否改变了总统选举的结果？我们可能永远不知道答案，因为我们无法反推 1.388 亿投票者和几千万弃权者的决策过程。

2. 如果美国演员——比如右翼的科赫兄弟，或者左翼的蓝狗

PAC——做了类似的事情，情况会有不同吗？如果你认为这仍然应该反对，脸书或其他人应该阻止这种事情，那么你会让你的政敌决定精确的边界吗？

3. 同其他宣传者多年来一直在使用的技术相比，包括莱妮·里芬斯塔尔[①]（Leni Riefenstahl）的电影和电台广播，数字时代的技术对人们的影响是否具有质的飞跃？这是一个简单的经验问题：如果有人根据数据向特定受众提供高度精准的数字广告，而且这些数据非常准确，有多少人会改变想法和行为？如果这些广告无法改变任何人的想法，只能使人们更加坚定自己的立场，这对民主是好是坏？

4. 我们现在应该做什么？算法在"俄罗斯/脸书"阴谋中显然起到了一定作用，但我们早已存在的政治文化也是如此，我们的广告法律也是如此，尤其是付费政治广告。我们如何做出合适的法律和政治回应，以避免此类事件再次发生？进一步说，我们是否应该对于包括政治在内的整个定向数字营销时代产生警惕？

　　我们不知道这些问题的答案，但是我们相信，我们可以就此开展明智的对话。所以，为了协助这种对话，我们提出了两件需要考

---

① 莱妮·里芬斯塔尔，德国女演员、导演、编剧、制作人、摄影师。1935年，执导纪录片《意志的胜利》。1938年，执导关于1936年柏林奥运会的纪录片《奥林匹亚》，该片获得第6届威尼斯国际电影节墨索里尼杯最佳影片奖。1945年，二战结束后，里芬斯塔尔因为涉嫌与纳粹牵连，数度被送进监狱。——译者注

虑的事情。

首先，俄罗斯对脸书的滥用清晰表明，如果社会在没有人员监督的情况下依赖机器智能，我们就无法看到更加光明的未来。推荐引擎不会消失，我们别无选择，只能打造一个文化和法律的监督框架，使之得到可靠使用。我们相信，如果有机会，聪明的人类能够在不毁掉所有机器的情况下避免最糟糕的技术滥用事件。

其次，这种对话最能说明，为什么21世纪的每个公民都必须懂得人工智能和数据科学的一些基本事实。如果教育是民主的基石，就像托马斯·杰斐逊（Thomas Jefferson）说的那样，那么在数字技术面前，我们的民主之墙正在倒塌。美国人几乎自从建国之初就开始为商业言论自由的界限而辩论。不过，我们今天还没有对于周六上午动画片时段的含糖麦片广告开展对话——而这只是新技术导致的极为奇怪而可疑的营销行为之一。未来还有许多未知在等待我们。至少，法院和立法机构应该更加了解自己的盲点，不再将自己不理解的细节称为"天书"并不予理会。公民应该在理解而不是惧怕基本技术细节的情况下参与这些讨论。简而言之，关心这个世界的聪明人必须更加了解人工智能。这也是我们写作此书的原因之一。

科学的光明面

下面是关于推荐引擎的一些好消息。过去十年个性化研究产生的数学和算法思想正在开始拓展到其他科学技术领域。在这个过程中，许多美好的事物将会出现在我们面前。

以病人中心式社交网络为例——比如，Crohnology 服务于胃肠失调群体，Tiatros 服务于具有创伤后应激反应、心理障碍的士兵，PatientsLikeMe 服务于几乎所有人。和脸书一样，这些网络也在使用个性化算法。人们将其看作治疗和生活方式转变的重要建议来源，研究人员将其看作真实医疗数据的宝藏，认为它们可以用于提出更好的建议。

或者，考虑神经科学家日益扩张的统计工具包，它们现在可以同时对数百个神经元的活动进行例行监测，以帮助科学家理解大脑是如何处理信息的。随着硬件的进步，它们很快就可以监测数千个或者更多神经元。随着数据集的不断积累，神经科学家正在日益转向网飞式的潜在特征模型，以寻找在某些刺激下倾向于同时变亮的神经元集群——就像喜欢相同电视节目的观众一样。这项工作可以导致新的发现，为自闭症和阿尔茨海默病等一些最常见的疾病开创新的治疗方法。

也许，最激动人心的工作发生在癌症研究领域。具体地说，是"靶向疗法"。癌症也许可以根据身体部位分类，但它本质上是你的基因疾病。而且，肿瘤基因是千差万别的。即使是相同的癌症也可能具有不同的基因子类型。研究人员发现，这些子类型对于药物常常具有完全不同的反应。现在，医生常常在病人的肿瘤样本中检测特定基因和蛋白质并选择相应的癌症药物。

多年来，癌症研究人员建立了关于不同肿瘤类型的大型基因信息数据库。他们与数据科学家联手挖掘这些数据库，以寻找可以供靶向疗法使用的模式。例如，大约 60% 的结直肠肿瘤具有野生型（未突变）KRAS 基因。癌症药物西妥昔单抗对于这些肿瘤有效，但是对于具有 KRAS 突变的 40% 病人没有效果。

这是一个简单模式，只涉及一个基因，其他模式则是非常复杂的，它们涉及几十到几百个基因，这些基因与癌细胞中出现错误的众多细微的分子信号通道之一有关。为处理这种复杂性，研究人员正在日益转向大数据潜在特征模型，即过去十年硅谷在大型推荐引擎中开创的那种模型。人们正在用这些模型分析基因组数据，以解释为什么一些癌症患者对于某种药物有反应，为什么另一些患者没有反应。网飞通过用户收视信息中的特征向他们定向推荐电视节目，癌症研究人员也希望通过患者基因组信息中的特征为他们使用定向疗法——甚至为他们设计《纸牌屋》式的新疗法。

这种思想正在流行起来。例如，2015 年，美国国家癌症研究所的科学家宣布，根据潜在基因组特征，他们发现了扩散的大型 B 细胞淋巴瘤的两种子类型。科学家猜测，这两种子类型 ABC 和 GCB 可能对药物依鲁替尼具有不同反应。于是，他们对 80 位淋巴瘤患者进行了一项临床试验，采集了他们的肿瘤样本，以确定他们是子类型 ABC 和 GCB 中的哪一种。他们为所有患者提供依鲁替尼，并在随后的岁月中跟踪他们的进展。结果是惊人的：依鲁替尼对于 ABC 子类型的有效率是 GCB 的 7 倍。

考虑到开发和测试癌症新药所需的漫长时间窗口和数十亿美

元资金，这种基因组分析策略距离成熟还很遥远。不过，正如依鲁替尼试验所示，条件概率正在为癌症研究带来红利，世界各地的实验室正在努力研究最新一代靶向疗法。

尾　声

读完这一章以后，希望你对网飞、声田和脸书等公司背后的核心思想能够多一点了解：对于机器来说，"个性化"意味着"条件概率"。此外，我们希望你能认识到，在人类智慧的曲折发展历程中，这些现代人工智能系统仅仅是一小步——这个发展历程一定会导致新的奇迹，但它也充满了新的挑战。

在结束本章之前，我们要讲述最后一个我们自己的推荐引擎故事。2014 年夏，本书作者之一（斯科特）访问了伊普尔，这座比利时西部小镇在第一次世界大战早期具有重要战略地位。1914 年 10 月，德国和协约国军队曾在伊普尔外围相遇。双方挖掘了战壕，随后是为期几年的残酷对峙：

> 人们在睡梦中前进。许多人丢掉了靴子
> 但是仍然流着血跛着脚前进。所有人都瘸了，都瞎了；
> 被疲惫麻醉了；甚至听不到轻轻掉在身后的毒气弹的
> 呼啸。
>
> ——威尔弗雷德·欧文（Wilfred Owen）

到了1917年第三次伊普尔战役结束时，近50万战士殒命于此，小镇变成了一片废墟。

一个世纪后，参观重建的伊普尔成了一种庄严的仪式。在2014年的访问中，斯科特发现这种庄严的感觉更加强烈了，因为城镇中心的每一个户外扬声器都在播放古典音乐。这很令人感动，所有的曲子都很优雅……直到一个现代男低音意外地出现在耳畔。这首歌曲起初不太容易分辨，但它的歌词很快排除了所有错误猜测。躲在喇叭背后的人选择了在整个小镇播放贾斯汀·汀布莱克（Justin Timberlake）2006年的热门歌曲《性感回归》。

也许这是故意的。伊普尔的确使其中世纪街道恢复了性感，在世界大战之后用一块块华丽的砖头实现了重建。不过，在所有的古典乐曲之中，这首歌似乎是一个奇怪的选择。所以，当斯科特去旅游办公室领取周围战场纪念物的地图时，他不经意地向坐在桌子后面的佛兰德美女问起了她在为小镇扬声器选择音乐时的偏好。

"哦，不，"她说，"实际上，我们只是用了声田。"

即使是最好的推荐系统偶尔也会做出糟糕的推荐。

第二章 烛台制作者

Chapter 2　THE CANDLESTICK MAKER

测量宇宙大小与保护蜜蜂有什么关系？答案在于计算机是如何在数据中识别模式的，以及它们是如何用这些模式做出极为聪明的预测的。

2017 年，北京的官员意识到了一个问题。一项重要罪行正在当地发生。

幸运的是，对于这些罪犯不当行为的仔细分析揭示了一个模式。他们的主要目标似乎是天坛公园，那里有明代的一个伟大建筑杰作，对于中国人具有重要精神意义。他们遵循一种非常特殊的行动模式，早上来到公园，与聚集在那里锻炼和唱歌的老年人混在一起，然后耐心等待，直到确定目标厕纸架被装满。到了十点左右，他们开始实施计划，若无其事地溜进附近的公共厕所，在里面停留一两分钟，以免引起怀疑。然后，他们像闪电一样出手，拿走他们能找到的每一卷厕纸，装进背包，然后走出厕所，就像什么也没发生一样。他们刚刚回到阳光下的时候是最危险的。不过，一旦混进人群，他们就可以安全地回家了。

这些小偷变得极为熟练和大胆。他们正在盗窃大量厕纸，北京当局准备抓住他们。

第一步是在天坛附近的所有公共厕所安装自动厕纸分发器，使每个人只能获得刚好 60 厘米厕纸，即六格纸。不过，当局很快发现，如果这些小偷不能整卷偷走厕纸，他们就会一次偷走六格。他们会在公园里转一圈，在每个厕所收集一份厕纸，最后回到开始的地方。接着，他们会一圈一圈地转下去，就像偷窃狂人的旋转木马一样，直到所有厕纸落到他们手中。和厕纸不受保护的自由轻松的日子相比，这个过程要长一些，但城市厕纸预算仍然要面对毁灭性的结果。

显然，六格纸分发器阻挡不了这些小偷。当局过于简单地采取了明显的人类智能策略：雇用保安，为厕所站岗。不过，这已经是 2017 年了，因此他们决定采用人工智能策略：他们在公园的每个公共厕所里安装了由深度学习算法支持的摄像头和面部识别软件。

今天，如果你想在天坛附近使用厕所，你必须：（1）取下帽子、眼镜、盖伊·福克斯面具等，（2）注视摄像头。如果软件发现你的脸过去 9 分钟之内在附近的厕所出现过，那么对不起，你不会获得六格纸。

对于厕纸盗窃问题，为厕所配备人工智能的解决方案似乎很极端，甚至令人毛骨悚然。许多人提出了隐私方面的担忧——可以想见，许多组织问题也会出现，从长长的队伍，到损坏的摄像头，到身份的错误识别。我们讲述这个例子的目的是强调生活中的一个简单事实：现在，基于人工智能的模式识别已经无处不在了——包括厕所。所以，如果你想理解现代世界，你最好理解这些系统是怎样运行的，为什么它们如此依赖数据。

输入/输出：机器如何识别模式

人类善于识别模式。例如，从很小的时候起，我们就学会了识别人脸，我们随后的许多教育都是在学习使用正确的模式：

- 说话时，你将声音与正确的含义相匹配。
- 阅读时，你将一串书写符号与合适的单词相匹配。
- 遵守礼仪时，你将社交线索与合适的行为相匹配。
- 行医时，你将症状与合适的诊断和治疗相匹配。
- 作为数据科学家，你将数据集与合适的分析方式相匹配。

不管是哪个知识领域，聪明都意味着知道许多模式——知道如何将输入与合适的输出相匹配。

不是只有人类才能识别模式。例如，本书作者之一（斯科特）有一只可爱的双色小猫，它讨厌旅行。这只猫知道，当主人开始整理包裹时，它就要在车子里待上一段时间了。现在，每当有人从壁橱里取出行李包时，马尔可夫（Markov）就会立即躲在床下，以防万一。

现在，同猫和人一样，计算机也能学习模式了。你也许还记得小池诚的故事，他利用人工智能的模式识别能力制造了一台黄瓜分拣机。在这里，输入是一张图像，输出是将黄瓜分入九种不同类别的决定，模式是黄瓜的视觉特征与类别之间的关系。在人工智能领域，这叫"图像分类"，它无处不在——北京的厕所在使用它，脸书用它在无标签照片中识别你的朋友，日内瓦大型物理实验室CERN用它在高能物理实验图像中探测亚原子粒子之间的碰撞。不过，输入也可以不是图像。说到底，计算机并不知道你提供的是哪种类型的输入，因为对于计算机来说，所有的输入都是数字。输入可以是声波（用于解释对于数字家庭助理的请求）、基因序列（用于预测某人对于疾病的敏感性），或者英文短语（用于翻译成西班牙语）。正如下表所示，只要能表示成一组数字，任何事物都可以作为这些模式识别系统的输入。不过，正如我们稍后讨论的那样，将输入表示成数字有时很简单，有时并不简单。

在本章，你将学到这些模式识别系统背后的两个关键概念：

1.在人工智能领域，"模式"是将输入与预期输出相对应的预测规则。

2."学习模式"意味着将良好的预测与数据集相匹配。

这里涉及一点数学，但是不要害怕：当你了解这些思想时，你会发现它们其实非常简单优雅。在本章接下来的内容中，我们会帮助你做到这一点。

让我们先来介绍一个简单的例子，以便让你知道我们在说什么。你可能从网站或健身专家那里听说过下面的规则：要想估计最大心率，你可以用 220 减去你的年龄。这条规则可以表示成等式：MHR=220-年龄。这个等式从数学角度描述了数据集的模式：最大心率（输出）倾向于随着年龄（输入）的增长而下降。它还为你提供了预测方式。例如，如果你 35 岁，只要将年龄 =35 代入等式，你就可以预测出你的最大心率：MHR=220-35，即每分钟 185 心跳。

输入	输出

定位：
"罗马，意大利"

语音到文本：
"奥斯汀早餐玉米卷饼。"

图像分类；
"热狗" / "不是热狗"

国家癌症研究所；
雷妮·科梅（Renee Comet）拍摄

68℉/20℃，湿度 70%
以晴为主

数字预测：
"伦敦用电量将是 25,500 兆瓦时。"

"Buenos dias!"

翻译：
"早上好！"

"活着，还是死去……"

作者：
"莎士比亚。"

人工智能的预测规则与此完全相同，即用等式描述输入和输出的关系模式。只要你用数据集找到良好的预测规则，那么不管你什么时候遇到新的输入，你都可以将其代入等式，预测相应的输入——就像你将年龄代入等式"MHR=220-年龄"，得到最大心率的预测值一样。

下面是几个术语。在人工智能领域，预测规则通常被称为"模型"——例如，"面部识别模型"获取图像输入，输出一个人的身份，"机器翻译模型"获取英语句子输入，输出西班牙语翻译。用数据寻找良好预测规则的过程通常叫作"训练模型"。我们喜欢这里的"训练"一词，因为它会使人想起每次新的健身锻炼给人带来的不断积累的好处——在人工智能模型中，预测会随着每个新数据点的积累而不断改善。如果我们本人不能去健身房，至少我们的模型可以。

这引发了许多问题。用数据集"训练模型"是什么意思？为什么一个模型比另一个模型更好？如何向计算机解释这件事——如何让算法在数据集中找到合适的模式？还有，计算机难道不是只能用数字"思考"吗？当输入不是像年龄那样简单的数字，而是像图像或声波那样复杂时，所有这些又要怎样实现呢？也许，对于想要深入理解人工智能的人来说，最急迫的问题是，这种用数据训练模型的思想最初是如何产生的呢？为什么这种思想在我们的生活中扮演着如此核心而又无形的角色，在幕后支配着从社交媒体到癌症治疗，从收获黄瓜到翻译西班牙语，从厕所到电网的一切事物呢?

恒星发现

为回答这些问题,我们先要向你详细讲述一个用预测规则表示模式的例子。这个模式与人工智能中一直在出现的模式完全相同,而且比年龄和心率的模式有趣得多。实际上,这个模式导致了历史上最伟大的理性胜利之一,帮助科学家回答了他们几千年来一直在探索的问题:宇宙有多大?

今天,任何好奇的人都可以打开网络浏览器,找到来自哈勃太空望远镜的几千张激动人心的图片:碰撞的星系,恒星爆炸的遗迹,能量相当于一百万个太阳的遥远类星体。不过,仅仅一百年前的天文学家还很难发现这些奇观。对他们来说,宇宙要小得多。早在 1924 年,开明的科学观点认为,我们的银河系是宇宙中唯一的星系——银河系之外一无所有。直到 20 世纪早期,人们才终于知道了可怕的真相:我们所在的广阔宇宙至少拥有一万亿个星系。

在关于这个伟大发现的故事中,我们有三个主要关注点:

1. 就连古人也能在夜空中看到的无法解释的光斑;

2. 几个世纪前的模式识别数学原则,它今天仍然在驱动我们最复杂的人工智能系统;

3. 鲜为人知的 20 世纪早期天文学家亨丽埃塔·莱维特,她用这个原则告诉我们如何测量宇宙大小。

当你看到这三条线索是怎样结合在一起的时候，你会更加深刻地理解机器是如何在这个世界上理解模式的，它们是如何用这些模式做出极为准确的预测的——不管是为黄瓜分类，在照片中识别你的朋友，还是清除北京的厕纸窃贼。

北方天空的雾状斑点

一千多年前，敏锐的观测者首次注意到了天空中的几个条状物——准确地说，和星星相比，它们更像是模糊的光团。最大的光斑位于北方天空仙女星座的腰部，在黑暗的夜晚可以用肉眼看到。公元 10 世纪，波斯天文学家阿布德·阿尔-拉赫曼·阿尔-苏非（Abd al-Rahman al-Sufi）将这个物体称为"雾状斑点"。阿尔-苏非不知道它是什么，其他人也不知道。到了 17 世纪，当望远镜出现时，大仙女座星云变得更加神秘，因为天文学家开始发现更小的类似斑点——其中许多斑点和仙女座斑点一样，具有明确的螺旋形状。

到了 19 世纪，天文学家将其称为"螺旋星云"（nebulae），其中拉丁词语 nebulae 意为"雾"。这些星云需要得到解释。它们是新生的恒星吗？它们是银河系外部的发光气体云吗？或者，它们是否像少数人说的那样，是和银河系类似的遥远星系？

图 2.1 仙女座的现代照片，来自美国宇航局星系演化探测器。由美国宇航局 /JPL-Caltech 提供。

最后这个解释——螺旋星云是"岛宇宙"，即当时所说的星系——在 18 世纪和 19 世纪的大部分时间里非常流行。它最著名的支持者是德国哲学家伊曼努尔·康德（Immanuel Kant）。不过，到了 20 世纪早期，岛宇宙理论被抛弃了。由于它没有直接证据，因此天文学家选择了更简单的"单一星系"假说。他们认为，这些螺旋位于银河系外围，很可能是新形成的恒星云。它们是独立星系的想法被视作"浮夸"和"具有误导性的"。当时的一本天文学教科书认为这种想法非常愚蠢，"几乎没有继续讨论的必要"。

不过，随着望远镜的进步和新证据的积累，少数天文学家开始觉得对于独立星系这一古老理论的抛弃有些武断。对他们有利的证据之一是天文学家发现新星的速度。新星是突然出现在夜空中的、在几周或几个月时间里逐渐变暗的新恒星。人们在几百年前就看到了新星。不过，20世纪早期强大的新式望远镜为天文学家带来了一个有趣的事实。大仙女座星云之中似乎含有数量惊人的新星——实际上，这些新星比银河系其他所有新星还要多。如果仙女座只是位于银河系外层边缘的尘云，这种情况怎么会发生呢？为什么银河系一个小小的角落会拥有如此丰富的新星？

　　其次是仙女座的移动速度问题。1913年，天文学家维斯托·斯莱弗（Vesto Slipher）用分光仪辛苦地测量了它的速度。分光仪是一种宇宙"雷达枪"，它利用了多普勒效应，这种效应会使救护车的警报声在靠近你时高一些，在远离你时低一些。斯莱弗的结果很惊人，就连他本人也难以置信：仙女座相对地球的移动速度是每秒300千米，比银河系中移动速度最快的物体快了大约20倍。更令人吃惊的是，其他大多数螺旋星云的移动速度比仙女座还要快——其中许多星云的速度高达每秒1000千米。对许多天文学家来说，斯莱弗的结果结束了争议：这些旋涡的移动速度太快了，不可能位于银河系内部。

　　不过，独立星系理论的怀疑者做好了反驳的准备。如果仙女座星云是和银河系一样大的星系，我们就会得出两个看似不可能的结论。首先，仙女座需要位于几百万光年以外，否则它在夜空中就会比现在亮得多。如果这是事实，那么仙女座的每颗新星都需要以几百万个太阳的能量燃烧，否则我们永远不会在如此遥远的距离之外看到它们。事后看来，我们知道这两个"不可能"都是事实。不过，在20世纪早期的许多天文学家看来，它们使独立星系理论变得荒谬可笑。

那么，天文学家如何看待所有这些星云呢？它们是小是大？是银河系中的尘云，还是独立完整的星系？没有人能为其中的一种观点拿出决定性证据——这使天文学家陷入了可怕的泥潭，因为这个问题引出了一个更加深刻的问题：宇宙到底有多大？哥白尼羞辱了我们一次，证明了地球不是世界的中心。伽利略再次羞辱了我们，证明了银河系拥有一大群和太阳类似的恒星。我们是否很快就会第三次遭到羞辱，得知我们的银河系并非唯一？这是天文学的"大辩论"，它从20世纪头十年持续到了20年代初。导致这场辩论如此激烈的唯一原因是，没有人能够回答一个简单的问题：大仙女座星云有多远？

如何测量恒星

假设你在黑暗的夜晚行驶在没有灯光的乡村公路上。你爬上一座山，眼前出现了一个光点。它有多远？你看到的是几百米外一座房子里昏暗的走廊灯吗？是道路前方一公里外另一辆车的前灯吗？或者，它也许是更加遥远、更加明亮的事物，比如10公里外山谷中一座小镇发出的光线？

你现在面对的就是天文学的基本问题。你的眼睛只能告诉你一个物体看上去有多亮，不能告诉你它在光源处的真实亮度。例如，金星看上去是夜空中除月亮以外最亮的事物，但这仅仅是因为它很近。半人马座阿尔法星看上去比金星暗 100 倍，但这仅仅是因为它位于 40 万亿公里之外。从近处看，它比太阳还要亮。

望远镜也有同样的问题。它可以测量恒星的视亮度，即我们在地球上看到的亮度，但是无法测量它的真实亮度，即它实际发出的光线。这使天文学家对于天空中的每个光点提出了同样的问题：它是暗而近，还是亮而远？

你可能会问：如果是这样，那么我们怎么知道半人马座阿尔法星位于 40 万亿公里以外？答案是，天文学家利用了一种有用的模式，叫作"视差"。你可以用左右眼游戏亲自看到视差。伸出食指。如果你因为讨厌数学而诅咒我们，也许你可以伸出另一个手指①。把它放在鼻子前面几英寸的地方。首先闭上一只眼睛观察手指，然后闭上另一只眼睛。在两只眼睛之间不断来回切换。你应该注意到，你的手指似乎在移动。这种看上去的移动就是视差。

下面是它的模式：你的手指离鼻子越远，你在切换眼睛时手指看上去的移动距离就越小。你可以用数学来描述这种模式，用等式表述手指的表面移动即视差与它和鼻子的距离。这个等式是：距离 =1/ 视差。距离随着视差的减小而增大。这个等式可以用三角学推导出来。我们为你省去了推导细节，因为这里的重点是，它仍然是

---

① 食指（index finger）中的 index 还可以表示"指数"。——译者注

"输出 = 输入函数"的案例，就像将你的最大心率与年龄相联系的预测规则一样。

天文学家用同样的左右眼游戏测量附近恒星的距离。具体地说，他们使用了相隔半年的两张恒星望远镜图像。地球在半年时间里会围绕太阳转半圈，这最大限度地增加了天文学家左右"眼"的距离。他们比较这两张图像，以测量恒星的视差，然后代入上面的等式，以预测恒星的距离。

视差/距离模式的重大缺陷在于，作为量天尺，它不是很长。如果一个物体位于大约 300 光年以外，它的视差就会变得很小，无法得到可靠测量——而 300 光年从星系标准来看还不到一英寸。即使在 20 世纪早期，在螺旋星云大辩论最为激烈时，每个人也都承认，银河系直径至少有几万光年。因此，双方都认识到，不管谁对谁错，仙女座的遥远距离都无法用视差测量。天文学家很想找到更好的测距方法，但是他们都无能为力。

直到不知名的天文学家亨丽埃塔·莱维特做出了一项伟大发现。莱维特发现了一个新的预测规则，可以让天文学家测量几百万光年的距离，这远远超出了他们之前的想象。在发现这个规则时，莱维特并没有像发现视差规则时那样使用三角学。相反，她使用了数据，使用了谷歌、苹果和脸书今天建立模式识别系统时使用的原则。

莱维特的伟大发现

亨丽埃塔·莱维特几乎是偶然成为天文学家的。1868 年，她出生在马萨诸塞州兰开斯特的一个大家庭。1888 年，她进入拉德克利夫学院学习人文科学。直到四年级，她才学了一门天文学课程。她非常喜爱天文学，在完成学位后继续学习天文学研究生课程，并在哈佛学院天文台当了一名志愿者，这是科学的幸事。她的出色能力很快引起了天文台主任爱德华·C. 皮克林（Edward C. Pickering）的注意。皮克林邀请莱维特加入"哈佛计算员（computer）"团队，这个团队全部由女性数学天才组成，她们受雇为天文台分析望远镜数据。早在 computer 一词表示计算机之前，它指的是从事计算工作的人。

莱维特的主要职责是为哈佛正在进行的大型"巡天观测"项目估计和整理恒星亮度，她需要在世界上最大的望远镜得到的数千张档案图像之间比较细小光点的大小。这是重复而辛苦的工作。人类并不总是幸运地拥有从图像中自动提取模式的算法。

在所有这些苦差事中，莱维特需要时刻留意一件事情，那就是寻找脉动变星。脉动变星的亮度会极为规则地随时间变化：它由亮变暗，然后再次变亮，然后反复变化，像时钟一样。（见图 2.2）我们现在知道，这些脉动变星比太阳大几千倍。它们的亮度之所以波动，是因为它们的恒星大气不断膨胀收缩，就像呼吸的肺一样。不过，在莱维特的时代，人们对这些奇特的恒星没有多少了解。天文学家对它们很着迷，莱维特需要留意她能找到的每一颗脉动变星。

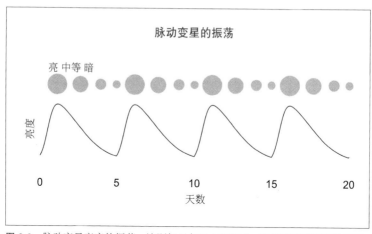

图 2.2 脉动变星亮度的振荡。这颗恒星每 5.4 天完成一次从亮到暗到亮的循环。莱维特发现，脉动变星的周期与亮度有关：较亮的脉动变星振荡得比较慢，这可以用数学来预测。

为此，她收集了在许多夜晚拍摄到的同一颗恒星的图像。她用放大镜和微型尺研究图像，以寻找脉动变星的明确迹象：它的光点是否随着时间不断变大和变小。她逐张图像、逐个恒星地连续寻找了几年，最终发现了之前科学家不知道的 1777 个脉动变星。

到了 1912 年，莱维特将注意力集中到了小麦哲伦云中的 25 颗脉动变星上。[①] 由于这些恒星属于同一群恒星，因此莱维特认为它们与地球的距离大致相等。所以，如果一颗恒星看上去更亮，那么它在光源处的确更亮。莱维特统计了每颗恒星的两个数据点。首先是脉动周期，即恒星完成从亮到暗再到亮的完整周期所需要的时间。每颗恒星拥有具体的周期，短至 1.25 天，长至 127 天。其次是恒星

---

① 人们后来发现，它们是一类特殊的脉动变星，叫作"造父变星"。

亮度，即它所发出的光线。

　　接着，莱维特将数据画成了图像。在图 2.3 中，我们用她的原始数据画出了这张图的另一个版本。每个点是莱维特 25 个脉动变星之一。横坐标（X）表示恒星的脉动周期，纵坐标（Y）表示亮度。这种图像适合揭示数据集合中的模式。莱维特发现了脉动变星亮度和周期之间不同寻常的模式。事实证明，她的数据点几乎完美地落在一条直线上。数据集合中最暗的恒星只有几天的周期，最亮的恒星有几个月的周期。周期越长，恒星就越亮。这个模式非常规则，你可以用等式来描述它，这个等式就是从数据点中间穿过的直线。

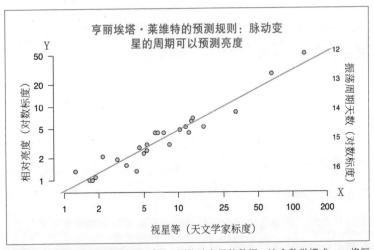

图 2.3　亨丽埃塔·莱维特 1912 年 25 颗脉动变星的数据。这个数学模式——将振荡周期与亮度相联系的直线——允许天文学家在之前无法想象的尺度上测量宇宙距离。

这条线成了科学史上最重要的直线之一。为了理解这一点，想象你回到那条黑暗的乡村公路上。你看到了远处的光点，但是你不知道它有多远。现在，想象某人给了你一条线索，告诉你这个光点在光源处有多亮。根据这条线索，你可以算出光点的距离：如果它是 60 瓦灯泡，那么它一定很近。如果它是来自一座城镇的光线，那么它一定很远。总体原则是，如果你能测量物体的视亮度，如果有人告诉你它的真实亮度——它实际发出的光线——那么你就可以用物理定律反向推算它的距离。这种反推过程在数学上很烦琐，但它的概念很简单。解开距离之谜的真正线索是关于物体真实亮度的知识。

莱维特的发现恰好为天文学家提供了这种线索。他们可以将望远镜对准脉动变星，测量它的视亮度和周期。接着，他们可以将恒星的周期代入莱维特的等式，得到其真实亮度的预测值[①]，从而立即推出恒星的距离——以及这颗恒星附近其他所有恒星的距离。用天文学术语来说，莱维特发现了脉动变星是"标准蜡烛"，即具有已知亮度、可以可靠测量距离的物体。用人工智能术语来说，莱维特发现了一个预测规则。她的等式仍然属于"输出 = 输入函数"的范畴。

---

① 这种说法有些过度简化。莱维特的等式可以算出一颗脉动变星相对于其他脉动变星的真实亮度。所以，严格的说法是：当你知道一颗脉动变星——仅仅一颗——的真实亮度时，你可以根据莱维特的模式立即算出宇宙中其他所有脉动变星的真实亮度。用天文学术语来说，莱维特的模式还需要"校准"，即通过其他途径估计一颗脉动变星的真实亮度。天文学家花了几年时间才做到这一点。所以，莱维特的模式不能直接测量恒星距离。不过，我们会把这一部分故事留给其他人讲述。例如，你可以参考玛西亚·巴图西亚克（Marcia Bartusiak）的《我们发现宇宙之日》(纽约: 古典书局，2010 年)第八章。

1912 年，莱维特用只有三页纸的论文发表了这个结果。她的同事立即认识到，她的发现提供了他们急于寻找的量天尺。他们在设备条件允许时立即将其投入了使用。

第一个重要结果来自天文学家哈洛·沙普利（Harlow Shapley）。他测量了银河系一些脉动变星的周期，用莱维特的预测规则算出了它们的真实亮度，然后用这个结果计算它们的距离。他发现，这些恒星极为遥远。沙普利的发现意味着银河系的直径至少有 10 万光年，远远超出了人们的想象——和哥白尼的观点类似，我们的太阳并不在银河系中心区域。

不过，真正的突破来自另一位天文学家，他目前已经成了历史上最著名的科学家之一。他就是爱德温·哈勃（Edwin Hubble）。

1919 年，哈勃开始在加利福尼亚州帕萨迪纳市威尔逊山天文台工作。此时，100 英寸新型胡克望远镜刚好开始投入使用。哈勃牢记莱维特的预测规则，开始寻找螺旋星云中的脉动变星——由于他手上拥有世界上最大的望远镜，因此他发现脉动变星的概率很大。哈勃可以将每颗脉动变星作为灯塔和标准蜡烛，计算其所在螺旋星云的距离。

哈勃花了数年时间，但他缓慢细致的研究最终带来了回报。1923 年 10 月，哈勃最终迎来了他的顿悟时刻：他发现了仙女座的一颗脉动变星。仙女座这块"雾状斑点"曾在一千多年前引起阿布德·阿尔 - 拉赫曼·阿尔 - 苏非的注意，并使此后的每个天文学家感到困惑。哈勃测量了这颗恒星的视亮度，算出它的周期为 31.4 天。他将这个值代入亨丽埃塔·莱维特的预测规则，得到实际亮度。接着，他用真实亮度和视亮度进行反推，以计算仙女座的距离。

他的结果出乎意料。大仙女座星云和地球的距离超过了一百万光年——远远超出了银河系的范围。所以，仙女座一定巨大无比，因为我们可以隔着如此遥远的距离从地球上看到它。只有一种可能：它本身就是一个星系。于是，哈勃一下子解决了持续一千多年的问题，即我们在宇宙中的位置。

后来，哈勃继续用脉动变星技巧发现了许多星系——或者，正如他所说，"整个天空分布着一个个完整的世界，每个世界都是一个巨大的宇宙……就像谚语中分布在沙滩上的沙粒一样。"不过，只有他在仙女座发现的第一颗脉动变星——今天叫作"哈勃变星1"或V1——被历史铭记。几十年后，1990 年，当发现号宇宙飞船带着哈勃太空望远镜进入近地轨道时，它还带了一件仅仅具有感情价值的事物：1923 年哈勃拍摄的 V1 原始照片的复印件。这张照片使哈勃成了家喻户晓的名字，并且永远改变了天文学的发展路径。不过，哈勃之所以认识到这张照片的重要性，完全是因为他站在了亨丽埃塔·莱维特的肩膀上——是她告诉哈勃和其他所有人如何测量宇宙的大小。

用预测规则拟合数据

我们将在本章结尾回到亨丽埃塔·莱维特的故事上来。现在，让我们记住她的伟大发现，然后重新考虑本章开头提到的模式识别的两个关键概念。

1.在人工智能领域，模式是将输入映射到输出上的预测规则。
2.学习模式意味着用良好的预测规则拟合数据集。

我们希望你能通过亨丽埃塔·莱维特的脉动变星知道描述模式的良好预测规则很有价值。不过，你仍然会有一些问题。例如，为什么一个预测规则比另一个预测规则更好？像计算机这样头脑简单的事物如何学到合适的预测规则？

在人工智能领域，评价预测规则的标准很简单：这条规则的平均误差有多大？没有一种预测规则是完美的，能够将每个输入精确地映射到合适的输出上；所有规则都会犯错误。平均误差越小，规则就越好。

为理解这一点，让我们再来看看亨丽埃塔·莱维特的脉动变星预测规则。在图 2.4 的左边，你可以看到莱维特的数据，以及她的初始问题：将脉动变星亮度与周期相联系的直线。这里采用了天文学家使用的亮度标度，叫作"星等"。由于历史原因，天文学家采用了高尔夫球的计分方式：数字越小，恒星就越亮。

观察我们用箭头标注的恒星，其周期约为两天。为测量莱维特的规则在这里的误差，我们可以计算点和线的垂直距离，这个距离叫作"残差"或"重建误差"。根据莱维特的预测规则，这颗恒星的星等约为 16.1，而它的实际星等约为 15.6——重建误差为 0.5 个单位。

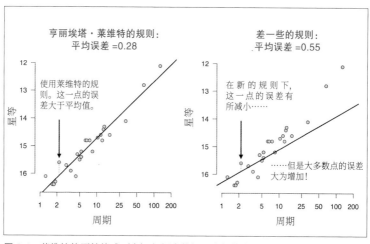

图 2.4　莱维特的原始等式（左）与拟合数据不太好的修改版等式（右）。

　　现在，考虑一个有些不同的规则，比如图中右边的规则。在这里，我们对莱维特的直线进行了微调，稍微减小了它的斜率。对于我们标注的恒星来说，误差变小了。不过，对于其他大多数恒星来说，误差变大了。因此，莱维特的规则比我们的规则更好——平均而言，它的准确率几乎是我们的两倍。

　　实际上，莱维特的预测规则是最好的规则：在所有直线中，它的平均重建误差是最小的。你可以随意调整这条线，使一些点的误差变小。不过，就像右图那样，你的微调一定会使平均误差变大。这是因为，在用预测规则拟合数据时，莱维特使用了"最小平方原则"这一数学方法。最小平方原则于 1805 年由法国数学家阿德里安 - 玛丽·勒让德（Adrien-Marie Legendre）首次发表，它为拟合数据集的最优直线提供了明确的公式——这条直线可以得到最小的平均重建误差。① 从那以后，科学家一直在使用这个公式。今天，勒让德在两百多年前表述的基本原则仍然在被人们使用，用于建设世界上最复杂的一些人工智能系统。人工智能的预测规则和亨丽埃塔·莱维特发现的预测规则相同，只是更加花哨。它们是将输入与输出相映射的等式。它们得到了挑选，以实现数据集平均重建误差的最小化，就像勒让德在两百多年前建议的那样。②

在详细讨论这种思想之前，我们会给你三个小例子，你可以直接在手机上使用它们。首先，考虑图像识别软件，比如在你上传至脸书的照片中识别朋友的那种软件。将识别想象成一种预测规则：输入是人脸图像，输出是这个人的身份。从输入到输出的映射是一个复杂的等式，它描述了训练数据中的复杂模式：哪些面部特征倾向于对应之前上传照片中的哪些名字。

其次，考虑谷歌翻译。这也是一种预测规则：它将一种语言（比如英语）的输入短语与另一种语言（比如西班牙语）的输出短语相对应。它的基本模型仍然是描述复杂模式的复杂等式：在用两种语言同时提交的大型语句数据库中，哪些英文短语倾向于和哪些西班牙文短语同时出现。

最后，考虑依琳娜·贝里隆德·舍维茨尔博士（Dr. Elina

---

① 技术说明：如果你上过微积分课程，你可能记得，你学过函数最小化。在用预测规则实现平均误差的最小化时，勒让德所做的就是这件事情。实际上，勒让德的解实现了平均平方误差的最小化（"最小平方"由此得名）。这是一个重要的技术点，但它对于理解基本思想并不重要。

② 这也有过度简化之嫌，我们还需要担心"过度拟合"。我们在几页之后会讨论这一点。

Berglund Scherwitzl）新开发的智能手机应用程序。舍维茨尔是瑞典物理学家，曾参与希格斯玻色子的发现——现在，在发明了基于人工智能的新型避孕技术后，她已经开始了作为企业家的第二事业。贝里隆德·舍维茨尔一直在寻找激素避孕的替代方案，但她从未找到她所喜爱的选项。在这个问题中，她看到了机遇。她和丈夫拉乌尔·舍维茨尔（Raoul Scherwitzl）辞去了物理学家的工作，开始用他们的数据科学技术打造"节律方法"这一古老思想的新版本。节律方法需要跟踪你的月经历史，以预测你最有可能排卵的时间。

传统节律方法的问题是，要想取得成功，你需要进行极为详细的记录。贝里隆德·舍维茨尔的版本则依赖于体温，这更加可靠，而且体温的月周期与生育力具有很强的相关性。要想使用这种方法，你需要在智能手机应用程序 Natural Cycles 中输入两种信息：你的每日体温和月经日期。随着时间的积累，当你为程序提供的训练数据越来越多时，它会拟合与你自己的周期模式相适应的预测规则。输入是你的体温，输出是你在这一天的生育力预测值，它在智能手机上以小红绿灯的形式呈现。（绿色表示通行。）帮助你跟踪月经周期的程序有很多，但这是第一个被欧盟管理者论证为有效避孕方法的程序。临床试验显示，这个程序和典型使用模式下的避孕药片几乎一样有效[1]。截至 2017 年中，它已经帮助 30 万用户通过人工智能控制了自己的生育选择。

---

[1] 药片在生产商建议的"完美用量"下要有效得多，一年只有 0.3% 的失败率。

超越直线

现在，你可能有一些疑虑。我们说过，对人工智能来说，识别模式意味着用等式拟合数据。我们还说过，这种思想源于1805年。那么，如何解释最近的革命呢？从面部检测到机器翻译到基于人工智能的生育控制，为什么所有这些模式识别系统直到最近几年才出现呢？

下面是最基本的问题：大型图像、文本和视频数据库中的模式比亨丽埃塔·莱维特那种脉动变星散点图上可以看到的模式要复杂得多。这些复杂的模式必须用复杂的等式来描述——它们至少比直线等式要复杂得多。这种复杂的等式要求极高：就像我们后面将要解释的那样，你需要强大的计算能力来处理它们，而且需要许多数据对其进行可靠估计。直到最近，我们的技术才使这件事变得可行而便宜。

人工智能的巨大突破涉及通过神经网络用数据估计预测规则。"神经网络"一词听上去像大脑一样，有些可怕，但这只不过是聪明的营销策略而已。实际上，神经网络仅仅是能够描述数据中复杂模式的非常复杂的等式而已——也就是从输入到输出的非常复杂的映射。我们之所以使用神经网络，不是因为它们像人类大脑一样工作，而是因为它们在语言、图像、视频等各种预测任务中的表现非常好。

让我们更加仔细地观察一下推动这场突破的四个因素。

因素 1：大模型

我们过去用小模型确定预测规则，用于描述简单模式——就像用镐和锹挖掘数据一样。今天，我们用大模型描述复杂的模式——它更像是轮胎和小房子一样大的大型采矿卡车。它的思路是一样的，只是铲子更大而已。

要想理解"大"模型是什么意思，你需要理解参数的概念。参数是等式中的一个数字，你可以随意选择这个数字，以便得到对于数据的最佳拟合。小模型只有几个参数，而大模型有许多参数。例如，你可能还记得前面的等式：最大心率 =220 – 年龄。这是一个小模型，因为等式中只有一个参数，即用于减掉年龄的基数 220。我们可以选择基数 210、230 或者其他任何数字——但是 220 可以最好地拟合数据。

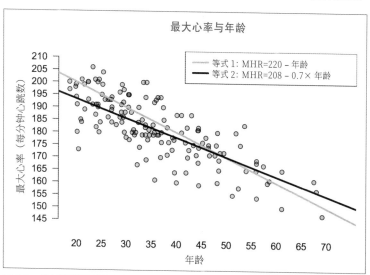

图 2.5　用年龄预测最大心率的两个等式。灰线有一个参数。黑线有两个参数，因此可以更好地拟合数据。

还有一个大一点的模型，它的表现更好：最大心率 =208−0.7×年龄。用语言来表述，就是将你的年龄乘以 0.7，然后用 208 减掉乘积，以预测你的最大心率。之前的规则只有一个参数，而这个新规则有两个参数：基数 208 和年龄系数 0.7，二者都可以调整，以拟合数据。你可以在上图中看到这两个规则，图中展示了在实验室测量最大心率的 151 个成年人的散点图。图中显示了两个预测规则，灰线是之前的"220−年龄"规则，黑线是新的"208−0.7×年龄"规则。运动学家更喜欢黑线，增加的参数可以带来调整等式的更大的灵活性，使之尽可能地拟合数据。[1] 一些人仍然在使用古老的"220 减年龄"规则，因为它更简单——只有一个参数，而不是两个。不过，你为简单付出了代价。它对于最大心率的预测不像双参数模型那样准确，至少是平均而言。

　　现在，让我们看一看拥有三个参数的预测规则。假设你是在线房地产交易平台 Zillow[2] 的数据科学家，需要建立房屋价格的预测规则。你可能会从房屋的两个明显特征入手，比如建筑面积和浴室数量，以及每个特征的系数。例如，

$$价格 =10,000+125×（建筑面积）+26,000×（浴室数量）$$

---

① "MHR=208 − 0.7×年龄"的规则使用了1805年的勒让德公式，是对数据的最小平方拟合。

② Zillow 在英国叫作 Zoopla。

用语言来表述，这意味着要想预测房屋价格，你需要遵循三个步骤：

1. 将房屋的建筑面积乘以 125（参数 1）。
2. 将浴室数量乘以 26,000（参数 2）。
3. 将1和2的结果加在基数10,000（参数3）上，得到预测价格。

不过，为什么要满足于仅仅两个特征系数呢？房屋有其他许多影响价格的特征——比如和市中心的距离、庭院面积、屋顶的年龄、壁橱数量。根据勒让德1805年表述的最小平方原则，数据科学家很容易拟合出包含所有这些特征以及其他数百个特征的等式。这就是 Zillow 建立房屋价格预测规则的基本原理。每个特征拥有自己的系数，更重要的特征会拥有更大的系数，因为数据表明它们对价格具有更大的影响。当然，如果你试着用语言表述这样的预测——"加上这个"，"乘以这个"，就像我们为上述双特征规则所做的那样——它们看上去就会像该死的国税局表格一样。然而，即使面对拥有几百个参数的模型，计算机也可以毫不费力地完成所有计算。

不过，在人工智能领域，我们拥有更大的梦想，希望用远远不止几百个的参数拟合模型。以图像标注模型为例。对机器来说，图像只是像素而已，而像素仅仅是数字，即从 0 到 100% 的颜色强度。例如，未压缩的 1 兆像素图像有 300 万个相关数字：每个像素对应于红色、绿色和蓝色强度。这就是 300 万个特征了。而且，要想更好地利用这 300 万个特征——尤其是当你不想像上面虚构的 Zillow 模型那样只是为每个特征分配一个系数，而是想以更有趣的方式将它们结合起来时 [①]——你需要许多参数。

这就是神经网络发挥作用的地方。例如，2014 年，谷歌工程师发表了一篇论文，介绍了一个神经网络模型——根据莱昂纳多·迪卡普里奥（Leonardo DiCaprio）主演的电影《盗梦空间》，这个模型被昵称为"开端"——它可以自动识别和标注图像。而且，它极为有效。之前的图像识别模型可以告诉你照片上是不是狗，而"开端"可以告诉你一只狗是西伯利亚哈士奇还是阿拉斯加雪橇犬。这个模型包含 388,736 个参数，为一张输入图片进行一次预测需要15 亿次算术运算——15 亿次"加上这个"或"乘以这个"的小步骤。这是一张很长的国税表格。幸好，2018 年的英伟达显卡可以在0.0001 秒之内完成 15 亿次计算。

因素 2：大量数据

不过，还有一个警告：要想拟合大模型，你需要巨大的数据集。

像谷歌"开端"这样拥有 388,736 个参数的模型往往会超出旧式科学家和工程师的想象，他们对于这种巨大的模型不屑一顾。例

---

① 用人工智能的话来说，这个模型是"非线性"的，不同于每个特征只有一个系数的虚构的 Zillow 模型。

如，伟大的数学家约翰·冯·诺伊曼曾用神秘而巧妙的话语批评一个复杂的模型："有了四个参数，我可以拟合一头大象。有了五个参数，我可以让它甩鼻子。"冯·诺伊曼的意思是，拥有许多参数的模型有"过度拟合"的风险。当一个模型只是记住训练数据中的随机噪声，而不是学到其背后的模式时，就会出现过度拟合问题。过度拟合的模型也许可以极为准确地描述过去，但是并不能很好地预测未来。

如果你想理解过度拟合，你只需要看看电视上的那些政治专家，他们有偿提供关于总统选举的荒谬的独家"智慧"——比如"拥有作战经历的民主党在职者从未战胜过在拼字游戏中拥有更大教名价值的人。"在 1996 年比尔·克林顿（Bill Clinton）击败鲍勃·多尔（Bob Dole）之前，这个预测规则在 208 年的美国历史中一直是有效的。[①] 不过，它对于预测未来没有任何价值。这条规则是过度拟合的经典案例：在过往选举的数千个复杂细节中进行回顾性选择，挑出恰好成立的一个复杂细节。

那么，在用预测规则拟合数据时，如何避免过度拟合呢？只有两个办法。首先，你可以拒绝复杂的解释。如果你强迫模型忽略除简单事实以外的所有事实，你的模型就不会记住无法推广的复杂事实。这种方法在硬科学领域非常有效。实际上，冯·诺伊曼在"拟合大象"的言论中倡导的正是这种方法，他希望寻找能够解释物质

---

① 这个例子来自优秀动画片《XKCD》：http://xkcd.com/1122/。

和能量普遍物理规律的简单理论，而不是像大象或甩鼻子这些临时的世俗细节。不过，"忽略复杂理论"方法在人工智能领域就行不通了。我们想在数据中寻找的模式——比如哪些像素的组合被标记为"哈士奇"，哪些被标记为"雪橇犬"——确实是复杂、世俗而具体的。只有两三个甚至两三千个参数的小模型根本无法准确解释这些模式。①

所以，我们不得不转向第二个策略：收集大量数据。许多数据意味着许多经历——有了足够的经历，你就可以排除糟糕的复杂解释，只留下良好的复杂解释。这种解决方案不适用于总统选举。过去只有56次总统选举，所以你无法仅仅根据数据判断某个关于竞选获胜的复杂事后解释对于预测未来是否有价值。不过，它对于从图像、文本和视频中提取模式的模型非常有效，因为我们拥有丰富的图像、文本和视频。

约翰·冯·诺伊曼一定会对这个结果感到震惊。他认为你可以只用四个参数"拟合大象"，而事实上，你需要388,736个参数——至少，你需要这么多参数在非洲旅行照片中识别大象。这里没有魔术，只有拥有几百万或几十亿个数据点的巨大数据集。这使我们能够用复杂模型描述复杂模式，无须担心过度拟合。公平地说，冯·诺伊曼当然不会想到，人们每天会向 Instagram 上传 1 亿张照

---

① 技术说明：实际上，人工智能模型设计者的确在用"正则化"这一数学技巧努力使模型变得更加简单。这也有助于避免过度拟合。如果你想拟合良好的预测规则，这非常重要。如果你对这一领域感兴趣，我们鼓励你阅读更多关于过度拟合的论述。

片，其中许多照片带有"# 旅行"或"# 大象"等有帮助的标签。

因素 3：每秒一百万次试错

20 世纪早期，亨丽埃塔·莱维特根据勒让德 1805 年的最优直线数学公式，用纸和笔拟合预测规则。即使到了 21 世纪早期，大多数科学家仍然在用同一公式稍作调整的版本拟合预测规则。唯一的不同是，我们这些现代人变懒了，让机器来处理计算工作。

不过，没有一种数学公式能够拟合今天的预测规则。实际上，像谷歌"开端"这样的巨大模型只有一种良好的拟合途径，那就是逐步试错。你从对于预测规则的某个初始猜测入手——比如所有黑色形象和绿色背景的图片都是在热带草原上散步的大象。这个初始猜测一定很糟糕。不过，随着数据的加入，你会改进规则。对于每个新的数据点，你会提出两个问题：我目前的模型在这个数据点上的误差是多少？如何微调模型，使误差变小？现代计算机可以每秒几千次甚至几百万次提出和回答这两个问题。当你对巨大的数据集进行这种持续不断的计算时，你的预测规则很快就会出现明显的改善——比如知道绿色背景上的一些灰色形象是大象，另一些是犀牛。

今天，这种试错的模型拟合策略无处不在。例如，大型零售商在你知道自己想在网上购买什么之前就可以用它来预测你想购买什么。以中国电商巨头阿里巴巴为例。阿里巴巴 2017 年的收入是 240 亿美元。和亚马逊一样，阿里巴巴承诺快速投递——由于承诺的速度太快，因此它不能从中心仓库将所有商品运送出去。相反，阿里巴巴旗下物流分支菜鸟的数据科学家需要成为人工智能专家，预测顾客接下来几天和几周想要购买的商品，使公司在有人点击"购买"之前早早地将合适的商品运送到合适的地方配送中心。而且，他们需要为阿里巴巴销售的所有商品和它所服务的所有市场做到这一点，不管是上海附近还是广州区域。他们采用了试错方法，用巨大的数据集训练巨大的模型，每一次新的购买行为都会使模型有所改进。

在人工智能产业中，这种通过试错改进模型的过程有许多名字，比如"在线学习"和"随机梯度下降"。我们在此省略了对于这个策略至关重要的许多细节，但是它们都只是细节而已，是你在研究生院学习人工智能时将会学到的知识。只要想到"试错"，你就正确了90%。

因素4：深度学习

除了模型的丰富性、数据集的大小以及计算机的速度，预测规则的极大改进还有第四个重要原因：人们知道如何从极为复杂的输入中提取有用信息。如果你听说过"深度学习"的说法，想要知道它的含义，请继续往下阅读。

我们在本章开头说过，计算机不知道你所提供的输入类型。不过，这句话只说对了一半。亨利·福特（Henry Ford）说过一句名言：福特汽车公司的顾客愿意购买他们喜欢的任意颜色的汽车，前提是它是黑色的。计算机也是如此：你可以提供你所希望的任意形式的输入，但是它必须是数字。大多数人工智能应用最困难的地方不是训练模型，而是首先回答一个问题：如何将模型的输入表示成一组数字？数据科学家称之为"特征工程"，即从图像和英文单词序列等明显不是数字的输入中提取数字特征。

过去十年，人工智能专家在自动特征工程上的能力大大提高。他们使用了一种叫作"深度神经网络"的预测规则。你已经知道，神经网络指的是拥有许多参数的复杂等式。深度神经网络是神经网络的变体，它所构造的等式可以从某种特定输入中提取尽可能多的信息。

以图像为例。在这里，深度神经网络解决了特征工程中一个重要的概念挑战：图像像素的许多不同排列可能表示同一事物。旋转、翻译、颜色变化——所有这些会极大改变图像中的像素，但却不会改变内容。例如，红色心形符号表示的是同一事物，不管你把它放在图像左边还是右边，也不管你把它向左还是向右旋转几度。即使你改变颜色，它也会表示同一事物——比如，在乔·迪菲（Joe Diffie）20 世纪 90 年代的著名乡村歌曲中，年轻农场工人比利·鲍勃（Billy Bob）爬上当地水塔，画了一颗 10 英尺高的心，并且向他的爱人沙琳（Charlene）写了一条求爱信息。他使用的是他所拥有的唯一油漆颜色：约翰·迪尔绿。正如沙琳理解的那样，心就是心，不管它是用红色还是用更具农场气息的颜色画出来的。不过，按照程序从表面上解读像素的计算机很容易感到困惑。所以，我们需要特征工程，即将原始像素转变成有用和可以推广的图像事实。

深度神经网络非常巧妙地解决了这个问题。为解释这一点，我们需要回顾亨丽埃塔·莱维特寻找脉动变星并且发现它们可以用于测量宇宙遥远角落与地球距离的例子。你可能不记得莱维特需要做的事情了。她需要在多张照片中追踪一颗恒星。她需要测量这颗恒星在每张照片中的亮度，以检查它是否像脉动变星那样存在明显的波动。如果存在波动，她需要计算恒星的周期，即完成一次脉动的时间。

在所有这些工作中，莱维特需要关注至少五个视觉概念，它们的抽象程度依次递增。

层次一：照片的明亮部分表示来自天空的光线。

层次二：恒星是由黑暗包围的光点。

层次三：恒星亮度是其光点的大小和强度。

层次四：脉动变星是亮度在多张照片上规则变化的恒星。

层次五：脉动变星的周期是它从亮到暗再到亮的时间。

这就是特征工程的例子。如果你遵循从层次一到层次五的步骤，你就会得到一个数字：脉动变星的周期。你可以将它作为预测规则的输入。（还记得吗，莱维特的脉动变星预测规则以周期为输入，以真实亮度为输出。）

你可能会说，莱维特在这里使用了"五层深度神经网络"。她使用了由五层深的层次结构串连起来的视觉概念，从图像中提取出了一个有用特征。这正是深度神经网络所做的事情。[①] 层次结构中的每一层依赖于较低层级的概念——在这里，层次四的"脉动变星"概念是用层次二的概念（恒星）和层次三的概念（亮度）定义的。在层次结构的最顶层，你会得到一个特征——周期——它可以用作预测规则的输入。

莱维特知道使用这种视觉概念层次结构，因为她受过天文学培训。过去十年，人工智能专家发现，他们可以让计算机直接从原始图像中提取这些概念层次，这种方法比通过程序告诉计算机天文学或黄瓜等具体领域的知识要有效得多。

这个过程叫作"深度学习"。直到不久前，它还只是学术人员的研究课题。现在不同了。在一些图像识别任务中，深度神经网络的表现已经超过了人类。人工智能专家将名为"图像网络视觉识别挑战"的数据集作为模型的测试基准。"图像网络"是一个在线数据库，拥有"帆船"和"阿拉斯加雪橇犬"等一千个不同类别的几百万张照片，其目标是训练模型自动识别图像。人类在这项任务上的平均错误率约为5%，而在2011年，最好的人工智能模型拥有25%的错误率。不过，到了2014年，谷歌的"开端"模型将机器错误率的世界纪录压低到了6.7%。"开端"是一个22层深度神经网络，每一层表示比前一层更抽象的视觉概念，底层是"圆"和"边"等概念，顶层则是"帆船"和"雪橇犬"等概念——它们都

---

① 这只是对于图像而言。从视频到文本，所有输入类型都有深度神经网络体系，其结构各不相同。

是机器从数据中学到的。到了 2016 年，更新版模型实现了不到 3%
的错误率，优于人类的平均水平。

潜在利益

深度学习已经为机器视觉能力带来了一场革命——其核心思想
和技术正在向各个领域扩散。过去的限制条件是数据可用性、计算
机速度和模型的丰富性。今天，限制条件似乎只有一个，那就是人
们的想象力：

- 瑞典养蜂人比约恩·拉格曼（Björn Lagerman）正在用深
  度学习模型拯救蜜蜂，这个模型经过了 4 万张蜂群照片的
  训练，可以在西洋蜂最危险的敌人瓦螨出现时提醒养蜂人。
- 马克·约翰逊（Mark Johnson）及其初创公司 Descartes
  Labs 用 4000 万亿字节的卫星图像和美国农业部的作物报告
  训练深度神经网络，以预测玉米产量。这些预测对于农业
  供应链上的无数商人非常重要，包括谷仓仓主和乙醇生产
  商。2014 年以来，该公司的预测一直优于美国农业部。
- 电力供应商正在训练模型，以便用天气数据预测电网级别
  的电力需求。在英国，人们将其与卫星成像数据相结合，
  以预测太阳能和风能等可再生能源的输出。国家电网估计，
  通过更加高效地平衡供给和需求，这种深度学习模型最终

可以使英国的电力支出减少 10%。

还有吉娜戴维斯媒体性别研究所最近发布的报告。该研究所的人员从 2007 年开始收集电影对于男性和女性的不同描绘。他们起初亲自进行数据分析，观看数千小时的电影，逐个场景寻找模式。最近，他们与谷歌合作，以实现这项任务的自动化，用深度神经网络进行图像分类。他们用"开端"模型的更新版本分析了几年中票房最高的 100 部好莱坞电影。这个模型自动为屏幕上每个人的性别分类，并且判断任意时刻谁在说话。

结果令人震惊。只有在恐怖电影中，女性的出场时间才会多于男性。在这里，她们通常是受害者。在其他所有类型的电影中，女性都被忽视了。平均而言，她们的出场时间是 36%，讲话时间是 35%——在得到奥斯卡提名的电影中，她们只有 27% 的讲话时间。这些结果说明，人工智能可以帮助我们开展关于性别成见和无意识偏见的讨论。

隐私威胁

我们强调了这些新型模式识别算法的许多潜在利益，但我们也应该承认它们引发的隐私问题。在好莱坞电影中发现性别偏见的深度学习技术也可以被警察使用，比如监测公共场所闭路电视摄像头的画面。有了足够的摄像头和足够的训练数据，人工智能系统在技术上完全可以在大城市里逐步跟踪某个人。当然，警察一直在试图监视犯罪嫌疑人，不管是对信件进行蒸汽拆封，窃听他们的电话，还是监视他们的手机元数据。到了人工智能时代，他们在理论上可以同时监视每一个人——抛去法律限制不谈，这件事仅仅用人类智能是做不到的。而且，可能滥用人工智能的不只是警察。能够访问所有监视镜头的私人公司可以建立一个极为细致的数据库，详细记录我们看了什么以及看了多久。或者，政府官员可以用它寻找之前的尴尬细节，用于威胁或恫吓某人——比如记者或者政治对手。

如果你读过许多关于人工智能的论述，你会看到关于监视问题的两种存在重叠的观点。不太极端的观点是这样的。人工智能面部识别技术极为强大，需要得到仔细监管，就像我们监管其他可能被滥用的成熟技术一样。我们完全支持这种观点。我们的人工智能技术和法律之间存在很大的落差，社会必须提前解决这个问题，而不是等待。我们需要明智的规则，它们应该由理解技术利益和潜在威胁的人来制定。

另一方面，更加极端的观点认为，现代人工智能的监视能力具有独特而无法避免的专制属性。我们承认，我们不是技术社会学专家，但我们还没有看到这种说法的有力证据。盖世太保当然不需要通过人工智能完善间谍艺术——在这方面，20世纪50年代监督民权组织的联邦调查局也不需要。此外，放眼当今世界，一个国家对于数字技术的使用与它对隐私和基本人权的尊重没有明显的相关性。例如，在斯堪的纳维亚，你可以找到世界上最严格的数字隐私法律和世界上最先进的数字经济。（如果你能在斯德哥尔摩的咖啡馆里用现金结账，你已经很幸运了。）这些事实说明，人工智能技术与暴政之间的关系并不简单。

这就要看律师和政策制定者了。对于隐私的担忧不无道理，但我们相信这是可以解决的。

尾　声

最后，我们要讲述一个关于成见的故事——这个故事很有意义，因为美国大学计算机科学专业只有 17% 的学生是女性，而且这个比例几十年来一直在下降。

前面说过，爱德温·哈勃用亨丽埃塔·莱维特的脉动变星预测规则——即宇宙中的标准蜡烛——最终证明了银河不是宇宙中唯一的星系。在这个过程中，他解决了天文学家辩论了几个世纪的问题。当哈勃向世界公布他的发现时，他立刻成了名人。他后来赢得了许多奖项和奖金，与电影明星和国家领导人并肩而行，受到了爱因斯坦的登门拜访。人们还将环绕地球的高级望远镜命名为哈勃，以纪念这位科学家。

所有这些荣誉与亨丽埃塔·莱维特无关。1921 年，在哈勃将其发现公之于众的四年前，莱维特死于癌症。当时的职业天文学家全都是男性，他们当然知道她的重要等式指出了如何用脉动变星测量宇宙大小。不过，作为一个群体，他们远远没有提供她所应得的荣誉。对许多天文学家来说，莱维特只是一个计算员，是无权进入天文台的女性，只有在某个男性担保的情况下才能在著名期刊上发表论文。对公众来说，她默默无闻——这种情况差不多一直持续到了今天。我们有理由相信，到了 2025 年，哈勃做出重要发现的 100 周年纪念会成为世界各大报纸的头条。不过，在 2012 年，即使在世界各大天文学期刊上，莱维特做出重要发现的 100 周年纪念也没有成为头条。

我们欠她的还不止于此。如果说脉动变星是宇宙中的蜡烛，那么亨丽埃塔·莱维特就是制造烛台的人，我们可以将她的等式举到天堂上，让光明照亮黑暗。

第三章　教士和潜水艇

Chapter 3　THE REVEREND AND THE SUBMARINE

问：自行车、雪、袋鼠和潜水艇有什么共同点？

答：它们对于自动驾驶汽车的制造都很重要。

以自行车为例。自行车很麻烦。自动驾驶汽车上的传感器善于辨识行人和松鼠等事物，它们的速度比汽车慢得多，而且从各个角度看上去都是差不多的。其他汽车就更简单了，它们是巨大的反射团，在雷达屏幕上像圣诞树一样显眼。但是自行车呢？自行车可快可慢，可大可小，可以是金属的或者碳纤维的。根据视角的不同，它们可能像汽车一样宽，也可能像书本一样窄。如果你没有看到自行车，你怎么知道自行车手不是具有古怪姿势的行人呢？我们还没有提到古怪而突然的转向，这足以使机器人感到头疼。

雪也很麻烦，这不是因为摩擦力——机器人很聪明，可以换上冬季轮胎，而且知道自己的极限。但是，雪会遮住车道线。雪会模糊停止标志。雪会干扰激光束，使汽车难以测量与附近物体的距离。对机器人汽车来说，雪意味着感知的丧失。

至于袋鼠，其他生物可能难以预测，但是至少待在地面上。袋鼠则可以一次跳跃10米。当它上下跳跃时，它在摄像头的视野中变得一会儿大，一会儿小，就像万花筒中的大兔子一样。这使机器人非常困惑。面对这种视觉尺寸的迅速变化，如何判断它有多远？你几乎需要专门的袋鼠测距雷达——也许需要许多，因为袋鼠往往是成群结队的。动物学家称之为"暴徒"，这是有道理的。

然后是潜水艇。我们保证，我们很快就会提到它。

在此之前，我们邀请你反思一些事情。在这里，我们将袋鼠群作为一个很大的技术问题，这难道不是很奇怪吗？为什么我们不去谈论偏离车道或者冲进邻居起居室这样的问题呢？请考虑一个简单问题。如果你需要将爱人送进出租车，你会选择你所碰到的拥有驾驶执照的 16 岁司机，还是 Waymo 汽车呢？（Waymo 是从谷歌中分离出来的自主汽车公司。）如果你需要想一想，我们鼓励你考虑几个事实。

56% 的美国青少年在开车时打电话。

2015 年，2715 个美国青少年由于汽车事故而去世，另有 221,313 人进了急诊室。

在涉及青少年司机的所有事故中，半数是单车事故。

相比之下，Waymo 汽车从不分心。它们从不饮酒。它们从不疲劳，从不在需要关注马路时给朋友发短信。2009 年以来，它们在公路上行驶了超过 320 万公里。在这段时间里，它们只造成了一起事故：在加利福尼亚，在以每小时 3 公里的速度行驶时，与一辆城市公交车发生了小碰撞。总体来看，Waymo 在 9 年间平均每公里的责任事故率是 16~19 岁司机的四十分之一，是 50~59 岁司机的十分之一。这还只是原型车。

这些数字预言了未来文化规范的变化：允许 16 岁青少年驾驶汽车的想法荒谬而不负责任。当我们的后代听说这曾经是常态时，他们的反应就会像今天的人们听说祖父一代经常在喝完四瓶马爹利酒后不系安全带开车回家时的反应一样。那么，自行车、雪和袋鼠呢？它们只是工程问题。它们很快就会得到解决，甚至在你阅读这本书时可能已经解决了，而且解决方案几乎一定是相同的，即应用更好的数据。对人工智能来说，数据就像水一样。它是万能溶剂。

实际上，如果你与足够多的研究自动驾驶汽车的数据科学家有过交往，你很快就会听到一个惊人的问题：最后一个拥有驾驶执照的加利福尼亚人已经出生了吗？

机器人革命

机器人在很短的时间里走过了很长的路。

20 世纪 50 年代，最先进的机器人是忒修斯，它是贝尔实验室克劳德·香农（Claude Shannon）制造的与真老鼠一样大的自主老鼠，由一系列电话继电器驱动。忒修斯是进入迷宫斩杀米诺陶的古希腊英雄。忒修斯鼠的目标则更加平凡：进入 25 平方米的桌面迷宫，寻找一块奶酪。起初，它需要通过试错前进，直到找到奶酪。在第一次胜利之后，它可以不出错地从迷宫中的任意位置返回奶酪的位置。

20世纪六七十年代，出现了斯坦福车。这是拥有四个小自行车轮、一个电动机和一个电视摄像机，和货车一样大的车辆。它最初是一辆试验车，用于让工程师研究如何在地球上遥控月球车。不过，它很快变成了斯坦福人工智能实验室整整一代机器人学生研究自主导航的平台。到了1979年，经过多年改进，在无人干预的情况下，它可以在五个小时之内穿过摆满椅子的房间——这在当时是一项了不起的成就。

今天呢？自动驾驶汽车只是开始。不要忘了自主飞行出租车，比如迪拜政府从2017年9月开始试验的出租车。还有力拓公司在澳大利亚内地中部运行的自主铁矿开采机。还有中国青岛港的自主运输终端——绵延两千米海岸线的六个巨大泊位，几百个机器人卡车和吊车在无人干预的情况下每年处理520万个集装箱。

在我们的数据科学课堂上，学生经常提出的问题之一是"这些机器人是如何工作的"。我们很想回答这个光荣的问题。可惜，我们做不到。首先，这个问题涉及许多细节，它们可以写成一本很厚的、包含很多问题的书。其次，许多细节属于专利。例如，你可能听说过，Waymo向优步提出了18.6亿美元的诉讼，声称后者盗窃了一些技术细节。在本书写作之时，这场诉讼还没有得到最终判决。

不过，让我们将细节放在一边，考虑一下整体画面。下面是一个类比。即使你不知道如何建造波音787，你也可以学习关于飞机如何停留在空中的基本知识。类似地，即使你不能亲自设计自动驾驶汽车，你也可以理解它是如何在环境中导航的。这正是你读完本章时在前面学到的条件概率知识基础上能够得到的收获。

为此，我们首先要提出一个非常天真的简单问题，这个问题对于所有自主机器人都很重要——不管它会走路、行驶还是飞行，不管它会挖掘铁矿还是将我们运送到杂货店，不管它像老鼠那么小还是像集装箱那么大。事实上，这个问题非常重要，机器人必须每秒几十次甚至几百次地提出和回答这个问题。

这个问题就是：我在哪儿？

在人工智能领域，这个问题被称为 SLAM 问题，即"同步定位和映射"。这里的"同步"一词很重要。不管你是人还是机器人，知道你在哪儿意味着同时做两件事：（1）在头脑中构造出未知环境的地图，（2）推测你在这个环境中的未知位置。这是一个鸡和蛋的问题。关于环境的知识取决于你的位置，而关于位置的知识又取决于环境。你无法独立知道二者中的任何一个。所以，你似乎不可能在逻辑上同时猜测环境和位置。例如，假设你想抵达时代广场，但你从未去过纽约。为提供指导，我们告诉你，时代广场是宾州车站北边的第一个地铁站——然后，当你询问宾州车站在哪儿时，我们告诉你，它是时代广场南边的第一个地铁站。现在，你需要在没有地图的情况下寻找这两个地方。这就是 SLAM 问题。

你通过感官获取的你在世界中的位置信息和我们的时代广场指导同样具有循环性，尽管你可能不这样认为。每当你走进陌生房间时，你都可以无意识地解决 SLAM 问题，这是一个认知奇迹。神经学家并不完全理解你是怎样做到的，但他们知道，这件事涉及许多从远古演化而来的专用脑回路，尤其是在海马体中。和许多进化而来的能力一样，这种能力很难得到反向设计。在人工智能领域，这通常被称为"莫拉维克悖论"：对五岁儿童来说很容易的事情对机器来说却很困难，反之亦然。①

目前的自主机器人革命之所以成功，完全是因为人们对于 SLAM 系统的所有研究最终取得了回报。机器人从躲避椅子发展到了躲避其他司机，从五个小时穿越一个房间发展到了每秒 50 亿字节传感数据，从穿越 25 平方米网格的自主老鼠发展到了行驶数百万公里公路的自主汽车。SLAM 是人工智能最杰出的成功故事之一。所以，在这一章，我们要介绍与 SLAM 相关的两个问题——一个很明显，另一个则有点出乎意料。

1.机器人汽车如何知道它在哪儿？
2.如何通过更加接近机器人汽车的思维成为更加聪明的人？

这两个问题的答案与贝叶斯规则有关。自动驾驶汽车通过贝叶斯规则知道自己的道路上的位置——但贝叶斯规则的用途还不止于此。几乎每个科学和工业领域每天都在使用这种深刻的数学思想。

---

① 这个名称源自机器人先驱汉斯·莫拉维克（Hans Moravec）。

此外，这个原则可以很好地帮助你更加聪明地过好日常生活——比如帮助你更加谨慎地投资，或者制定更加明智的医疗保健决策。贝叶斯规则很好地说明了更加接近机器的思维训练如何帮助你成为更加明智、更加健康的人。

寻找潜水艇与寻找你在路上的位置有什么相同之处

我们现在终于可以兑现之前的承诺了。前面说过，理解潜水艇对于汽车的自动驾驶非常重要。现在，让我们告诉你原因。

这里的联系是贝叶斯规则，我们要通过潜水艇的故事解释这个规则。不是自动驾驶潜水艇之类的事物——而是一艘普通的核动力攻击型潜艇，叫作天蝎号。天蝎号很有名，因为在 1968 年的一天，它在方圆数千公里的开阔水域失踪了。这使美国军队陷入了疯狂。核潜艇的失踪是一件大事。虽然找到它的可能性不大，但是海军官员还是投入了一切资源进行搜寻。他们连续数月进行地毯式搜索，但是仍然无法找到天蝎号。在失望和无助之下，他们准备结束搜索。

不过，一个倔强的人不愿意放弃。他叫约翰·克雷文（John Craven）。他之所以倔强，是因为他相信自己可以解决这个问题——重要的是，他是对的。约翰·克雷文及其搜索团队用贝叶斯规则回答"天蝎号在这片巨大开阔水域的哪个位置"这一问题。当你知道他们的方法时，你就会知道自动驾驶汽车是如何用同样的数学方法回答"我在这条宽阔道路的哪个位置"这一类似问题的。

寻找天蝎号

1968 年 2 月，天蝎号在指挥官弗朗西斯·A. 斯莱特里(Francis A. Slattery)的监视下从弗吉尼亚州诺福克启航。这是一艘鲣鱼级高速攻击型潜艇，是美国舰队中最快的潜艇。和同一级别的其他潜水艇一样，它在美国军事战略中扮演着重要角色。当时是冷战白热化的时代，美国人和苏联人都部署了巨大的攻击潜艇舰队，以定位、跟踪和摧毁（在意外发生时）对方的导航潜艇。

根据这种部署，天蝎号向东航行，前往地中海。在那里，它和海军第六舰队参与了训练。接着，在 5 月中旬，天蝎号回头向西，越过直布罗陀，进入大西洋。它的任务是观察在亚速尔附近行动的苏联海军舰艇。亚速尔是一条遥远的岛链，位于北大西洋中部，距离葡萄牙海岸约 1360 公里。接着，天蝎号需要继续向西，回归祖国。这艘潜艇预计将于 1968 年 5 月 27 日星期一下午 1:00 回到诺福克。

天蝎号 99 名船员的家属当天聚集在码头，以欢迎家人回来。不过，到了下午 1:00，潜艇并没有浮出水面。几分钟过去了。几小时过去了。白天变成了夜晚。家属们仍在等待。不过，天蝎号一直没有消息。

海军越来越感到不安，因此发布了搜寻指令。晚上 10:00，18 艘舰艇参与了行动。到了第二天早上，搜寻队伍扩大到了 37 艘舰艇和 16 架远程巡逻飞机。不过，希望非常渺茫。天蝎号六天前在亚速尔海岸最后一次与军方联系。它可能在亚速尔和美国东海岸之间4300公里狭长海域上的任何地方。随着时间的流逝，发现潜艇并及时部署救援装备的可能性在迅速消失。在 5 月 28 日的紧急新闻发布会上，总统林登·约翰逊（Lyndon Johnson）总结了国人的心情："我们都很紧张……我们没有任何鼓舞人心的消息。"

八天后，海军不得不承认明显的事实：99 名船员在海上失踪，很可能已经死亡。现在，海军的严峻任务变成了发现天蝎号的最终沉船地点——这相当于在北大西洋四分之三的宽度上进行名副其实的"大海捞针"。虽然拯救船员的希望已经破灭，但是寻找潜艇仍然很重要，这不仅是为了死者家属。天蝎号携带了两枚核弹头鱼雷，每个鱼雷都可以击沉航空母舰。这些危险的弹头正躺在海底的某个地方。

贝叶斯搜索大师约翰·克雷文

五角大楼邀请海军特别项目办公室首席科学家约翰·克雷文博士领导搜寻工作。克雷文是在深海中搜寻失踪物体的顶级专家。

值得一提的是，克雷文之前做过这样的事情。两年前的 1966年，一架 B-52 轰炸机在西班牙海滨村庄帕洛马雷斯上空与一架加油机相撞。两架飞机同时坠毁，B-52 上的四枚氢弹散落在绵延几公里的地方，其中每枚氢弹的威力是广岛原子弹的 50 倍。幸运的是，没有一个弹头被引爆，而且三枚炸弹很快被找到。不过，第四枚炸弹失踪了，可能掉进了海里。

克雷文及其团队需要考虑坠机的许多未知变量。炸弹是留在飞机上，还是掉了出来？如果炸弹掉了出来，降落伞是否被打开？如果降落伞被打开，风是否将炸弹吹到了远海区域？如果是，它的方向如何，被吹到了多远的地方？为解决众多未知，克雷文采用了他所偏爱的策略：贝叶斯搜索。这种方法产生于二战时期，当时盟军用它来定位德国 U 型潜艇。不过，它的起源要早得多，可以一直追溯到 18 世纪 50 年代诞生的贝叶斯规则。

贝叶斯搜索有四个重要步骤。首先，你应该在搜索网络上建立先验概率地图。这些概率是先验的，因为它们代表了你在获得任何数据之前的想法。它们结合了两种信息：

- 搜索开始之前各种专家的意见。对于失踪的氢弹，一些专家熟悉空中碰撞，一些专家熟悉核弹，一些专家熟悉洋流等。
- 搜索工具的能力。例如，假设在最可信的场景中，炸弹掉进了深海沟底部。虽然这种场景的可能性很大，但是你可能并不想从这里开始搜索。海沟是阴暗而遥远的，即使炸弹在那里，你也不太可能找到它。套用一个耳熟的比喻，在贝叶斯搜索中，你需要根据两个因素的精确数字组合开始寻找丢失的钥匙。这两个因素是：你认为钥匙丢失在哪里，以及哪里的街灯最亮。

你可以在图 3.1 的上方看到先验概率地图的例子。

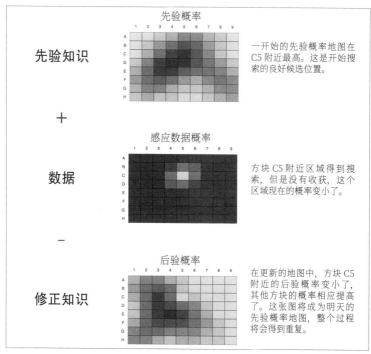

先验知识

先验概率

一开始的先验概率地图在 C5 附近最高。这是开始搜索的良好候选位置。

+

数据

感应数据概率

方块 C5 附近区域得到搜索，但是没有收获，这个区域现在的概率变小了。

−

修正知识

后验概率

在更新的地图中，方块 C5 附近的后验概率变小了，其他方块的概率相应提高了。这张图将成为明天的先验概率地图，整个过程将会得到重复。

图 3.1　贝叶斯搜索将先验概率与搜索传感器数据相结合，得到一组修正后的知识。

第二步是搜索先验概率最高的位置。在图 3.1 中，这个位置是方块 C5。如果你找到目标，任务就结束了。如果没找到，你需要进入第三步：修改你的知识。假设你搜索了方块 C5 附近，但是没有收获。现在，你要减小方块 C5 附近的概率，并且相应提高其他区域的概率。在新数据的帮助下，你的先验概率已经变成了后验概率。你可以想象将两张图相互重叠：

- 原始的先验概率地图（上图）。

- 传感器数据概率地图（中图）。在这张图中，被搜索过但没有收获的区域概率很低，但没有搜索过的区域概率仍然很高，因为你不能将它们排除。

这就是贝叶斯规则的实质：先验知识 + 事实 = 修正知识。

最后是第四步：迭代。重复步骤二和三，每次搜索当天概率最高的区域。如果没有收获，你需要修改你的知识。每一天的后验概率都会变成第二天的先验概率，直到你找到目标。

克雷文受阻

遗憾的是，在 1966 年寻找帕洛马雷斯海岸失踪氢弹的工作中，克雷文及其团队并没有将贝叶斯规则投入使用。五角大楼先是邀请克雷文从事一项重要工作，然后授权另一个职位更高的人尽量为他制造麻烦。这是军方的一贯作风。当时的指挥官是海军少将威廉·"斗牛犬"·盖斯特（William "Bull Dog" Guest），他对于搜索方式持有迥然不同的看法。他几乎无法忍受概率、贝叶斯规则以及身穿灯芯绒和牛津布服装的二十多岁的数学博士。他一开始命令克雷文证明炸弹落在陆地上而不是海洋中，以便使这项该死的搜索工作落到别人头上。结果，对于帕洛马雷斯氢弹的搜索变成了两种搜索。一种是克雷文的贝叶斯"阴影"搜索，涉及滑动规则、概率地图以及数学家用电传打字机传回宾夕法尼亚主机的更新计算数据。

不过，这些来自计算的搜索思路被忽略了，真正指导搜索的是盖斯特少将的"方格计划"。

最终，他们发现，当地一个渔民看到炸弹带着降落伞掉到了水中。这个渔民带着海军来到了炸弹的入水地点。随后，帕洛马雷斯的氢弹被找到了。虽然搜索取得了成功，但是其中的贝叶斯搜索却失败了，因为它根本没有得到使用。不过，帕洛马雷斯事件给了约翰·克雷文一些宝贵经验——其中既有贝叶斯搜索可行性的经验，也有在搜索中获取军方官员支持的经验。

两年后，当他被要求寻找天蝎号时，克雷文已经做好了准备。

继续寻找天蝎号

当天蝎号在 1968 年 5 月失踪时，克雷文及其贝叶斯搜索专家团队很快集结在了一起。起初，他们的任务似乎比搜索帕洛马雷斯炸弹更加艰巨。上一次，他们的搜索范围是西班牙南岸浅海区一个相对较小的区域。现在，团队需要毫无线索地在弗吉尼亚和亚速尔之间的水下 3 公里处寻找一艘潜艇。

幸运的是，他们得到了一个消息。从 20 世纪 60 年代初开始，美国军方花费 170 亿美元建设了一个遍布北大西洋的高度机密的大型水下麦克风网络，以便追踪苏联海军的行动。训练有素的技师日夜不停地在秘密监听站监听这些麦克风。经过探听，克雷文发现，加那利群岛上的一个监听站在 5 月下旬某一天记录了连续 18 个水下异常声响。接着，他了解到，几千公里外另外两个靠近纽芬兰海岸的监听站在几乎同一时间记录到了同样的声音。克雷文团队比较了这三组数据。通过三角测量，他们发现，声音是从大西洋上亚速尔西南约 640 公里处一个很深的区域发出的。这个位置位于天蝎号的预定返航路线上。而且，声音本身就很有提示性：先是一声沉闷的水下爆炸，然后是 91 秒沉默，然后是快速而连续的 17 个声响。对克雷文来说，这 17 个声响像是潜水艇船体沉入泥沙内部以后各个舱室发生的内爆。

这种声音线索大大缩小了搜索范围。不过，团队仍然需要搜索大约 350 平方公里的海床。这些区域全部位于海面 3000 米以下，因此只能用最先进的潜水器搜索。

这才是贝叶斯搜索大显身手的机会。克雷文及其团队采访了潜艇专家，后者提出了潜艇沉没的九种可能场景——船身起火、隔离区鱼雷爆炸、俄军秘密攻击等。他们权衡了每个场景的先验概率，进行了计算机仿真，以理解潜艇在每个场景中各种可能的动作序列。他们甚至在精确位置引爆了深水炸弹，以便校准加那利群岛和纽芬兰监听站的原始声音数据。

最后，他们将所有信息放在一起，为搜索网格中的每个单元格确定了一个搜索有效性概率。这张图是数千小时采访、计算、实验和认真思考的结晶。它看上去和图 3.2 有些相似。

可以想见，为了让五角大楼关注他的概率图，克雷文遇到了后勤和官僚政治方面的麻烦。夏去秋至，对于天蝎号的搜索已经持续了三个多月，但是没有任何收获。

最终，克雷文的游说取得了效果，军方官员要求用他的地图指导搜索工作。所以，到了 10 月，当美国军舰开阳号上领导搜寻工作的指挥官终于拿到这张地图时，真正的贝叶斯搜索终于开始了。团队日复一日地仔细搜索概率最高的区域，然后更新数据，制作第二天的地图。随着时间的推移，概率最高的区域缓慢地收敛到了方块 F6 上。

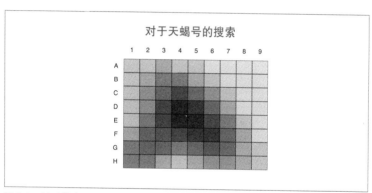

图 3.2　用于搜索天蝎号的先验概率地图示例。

10 月 28 日，贝叶斯搜索终于取得了效果。

开阳号正在进行第五次巡航和对海床的第七十四次搜索。突然，轮船的磁力计跳了起来，说明海床上有异常情况。人们立即部署了摄像机以调查海床——的确，天蝎号就在那里。在距离陆地 640 公里、距离海平面 3200 米的地方，一半埋在沙子里的天蝎号终于被找到了。

至今，没有人能够确定天蝎号发生了什么——即使有人知道，他们也没有发声。海军官员认为，鱼雷的意外爆炸和垃圾处理单元的失灵是事件最有可能的两个原因。多年来，人们提出了其他许多解释——和其他著名谜案一样，这些解释中包含了许多阴谋论。

不过，这起事件至少有一个明确的结论：贝叶斯搜索的效果很好。事后看来，潜艇最终沉没地点距离方块 E5 只有 240 米，而在克雷文最初的先验概率地图上，E5 是最有希望的区域。实际上，搜索团队曾在之前的巡航中越过这个位置，但是由于声呐损坏，他们没有发现明显的信号。

图 3.3　深海潜水器的里雅斯特二号船员 1968 年拍摄的美国军舰天蝎号船首部分照片。

请再思考一下这件事。想一想，在 30 米长的海滩或者在你的起居室里寻找一件丢失物品有多困难。不过，当一艘孤独的潜艇消失在 4300 公里长的开阔海域时，贝叶斯搜索指出了它的位置，误差只有 240 米，这个数字只有潜艇自身长度的三倍。这是克雷文团队的伟大胜利——也是作为搜索指导原则、具有 250 年历史的贝叶斯规则这一数学公式的胜利。

贝叶斯规则，从牧师到机器人

下面是我们必须从天蝎号故事中获取的重要经验教训：所有概率都是条件概率。换句话说，所有概率都取决于我们的知识。当我们的知识发生变化时，我们的概率也必须得到改变——贝叶斯规则可以告诉我们如何改变概率。

贝叶斯规则是由不知名的英国教士托马斯·贝叶斯（Thomas Bayes）发现的。1701 年，贝叶斯出生在伦敦一个长老会家庭。他很小就表现出了数学天赋。不过，在那个时代，新教徒不允许进入英格兰的大学。贝叶斯无法在牛津和剑桥学习数学，最终只能在爱丁堡大学学习神学。和同时代的其他许多人一样，这对贝叶斯来说一定是一个残酷的障碍。不过，这种歧视产生了奇特的副作用。由于不宽容的宗教政策，英格兰出现了很多由天才长老会教徒组成的业余数学协会，这些人和贝叶斯一样，被英格兰大学拒之门外，因此建立了自己的家庭知识社区。四十多岁时，贝叶斯成了其中一个协会的成员。该协会位于肯特郡温泉小镇坦布里奇韦尔斯，贝叶斯是那里的牧师。在那里，在 18 世纪 50 年代的某个时候，他提出了目前以他命名的规则。

奇怪的是，他的发现起初没有产生太大影响。贝叶斯甚至没有在生前将其发表。他死于 1761 年，他的朋友理查德·普赖斯（Richard Price）于 1763 年在皇家学会宣读了他的手稿。在 19 世纪初很短的一段时间里，以法国伟大数学家皮埃尔 - 西蒙·拉普拉斯（Pierre-Simon Laplace）为首的一些人发扬了贝叶斯的思想。不过，在 1827 年拉普拉斯去世以后，贝叶斯规则被人遗忘了一个多世纪。

贝叶斯更新和机器人汽车

今天，贝叶斯规则得到了前所未有的重视，它控制着道路上每一辆机器人汽车的方向盘。

贝叶斯规则是一个等式，它告诉我们如何在获得新信息时更新观念，将先验概率转变成后验概率。它完美地解决了我们之前讨论的 SLAM 机器人问题，即同步定位和映射问题。SLAM 本质上是一个贝叶斯问题。当新的传感器数据到来时，机器人汽车必须在"头脑"中更新周围环境的地图——车道标记、交叉路口、信号灯、停止标志，以及道路上的其他所有车辆——同时推测自己在这个环境中的不确定位置。从本质上说，机器人汽车将自己看作行驶在贝叶斯道路上的概率事物。

在描述原理之前，让我们首先解决一个显而易见的问题：为什么不直接用智能手机上的那种全球定位系统导航呢？答案是，即使在理想条件下，民用级别全球定位系统的准确度也只能达到大约5米——而它们在隧道或高层建筑附近的误差可能达到30或40米。仅仅通过全球定位系统指导城市出行就像戴着微波炉手套和眼罩去做血管手术一样。

所以，为了弥补全球定位系统的信息不足问题，机器人汽车必须使用其他许多传感器。一些传感器是简单的老式摄像机，另一些传感器与今天大多数新车的安全功能类似——比如为避免倒车碰撞而发出警报的那种保险杠雷达。

机器人汽车最炫酷、最有用的传感器叫作激光雷达（LIDAR），它是 light 和 radar 的合成词，表示"光线探测和测距"。想象你戴着眼罩，只能在手杖的帮助下穿过陌生的房间。你可能会使用触觉方法，即用手杖刺探周围，简单衡量附近物体的距离。如果你在所有不同方向上进行足够多的刺探，你就可以在头脑中建立关于周围环境的清晰地图。

激光雷达组的原理是相同的：它会发射激光束，通过测量光线返回的时间测量距离。典型的激光雷达组可能有64个激光器，每个激光器每秒可以发射几十万个脉冲。每个激光束提供了关于某个具体方向的详细信息。所以，为了让汽车看到所有方向，激光雷达被安装在车顶旋转装置上，每分钟旋转约300次，就像

《壮志凌云》中雷达屏幕上旋转光束的加速版一样。因此，这些激光可以每秒大约五次指向任意一个方向，为汽车提供离散而非连续的位置更新。换句话说，汽车看到的世界不是由稳定的阳光照亮的，而是由闪光灯照亮的——即来自激光雷达和其他传感器的一组组数据，每一组数据为汽车提供了关于周围环境的新视野，如图3.4所示。

图3.4　激光雷达公路图像，由俄勒冈州立大学提供。

每当汽车收到一组新数据时，它都会用贝叶斯规则更新关于自身位置的"观念"。我们可以用地图展示贝叶斯更新程序。在这张图上，道路被分解成一些小单元格，每个格子拥有自己的概率。假设你乘坐自主汽车离开私人车道，行驶了60秒，速度约为每小时50

公里。根据目前的数据，汽车拥有一组关于自身位置的观念。图3.5的左上方展示了此时的概率图。五分之一秒之后，在激光雷达组扫描一周以后，在旅程的60.2秒，让我们看一看汽车的状态。它的位置观念发生了怎样的变化？

汽车的推理分三步。首先是导航专家所说的"航位推算"，我们喜欢称之为"内省和外推"。内省意味着收集"内部状态"信息，比如速度、车轮偏转角度和加速度；外推意味着根据这种信息和物理定律预测汽车在下一个几分之一秒的周期里最有可能的运动。最终结果是行驶60.2秒时汽车位置的先验概率图，如图3.5右上所示。这些概率是先验的，因为它们没有结合更新的传感器数据。此时，下一个闪光还没有到来。

在这里，你会注意到两件事：概率团块在道路上向前移动了一点，而且被"抹"了一下，覆盖面积更大了。这种面积的扩大表示外推导致的不确定度的增加。例如，如果你以每小时50公里的速度行驶，你在0.2秒之内应该前进大约3米。不过，由于无法预测的转向、制动或加速，你的实际前进距离可能会和3米有些出入。

汽车的第二步是收集摄像头和激光雷达等外部传感器的数据。这样可以对汽车位置进行实际检验，有助于校正外推误差。图3.5左下角展示了这种信息。你可以将这张图看成一组"仅限传感器"概率——即汽车在没有任何先验信息时仅仅根据外部传感器获得的自身位置观念。

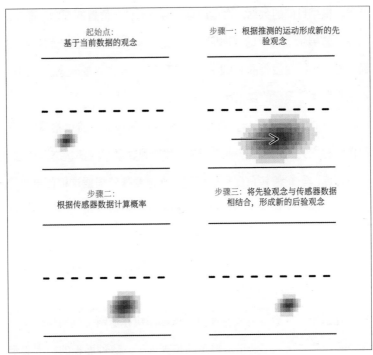

图 3.5 自主汽车如何用贝叶斯规则更新关于自身位置的观念。

不过，汽车拥有先验信息，因此最后的第三步是综合，即根据贝叶斯规则，将基于外推的先验概率（来自步骤一）和传感器数据（来自步骤二）相结合。在图 3.5 右下角中，你可以看到新的后验概率图，它为基本的自身位置问题提供了修正的答案。重要的是，后验概率团块比先验概率和传感器数据概率更加清晰。两个信息源相结合的不确定度通常小于单一信息源的不确定度。

这里忽略了许多细节。下面是最大的细节：在上述例子中，我们假设道路是固定参考框架，唯一的未知变量就是汽车在这个框架中的位置。这是 SLAM 中的 L，即定位。不过，不要忘了 M 代表的映射。在现实中，道路本身是未知的，它的所有特征需要接受同样的贝叶斯处理。道路边界、车道线、行人、其他汽车甚至袋鼠——它们都是用概率团块表示的，传感器每次采集的数据都会使它们的位置得到更新。

贝叶斯规则如何让你变得更聪明

从贝叶斯规则的角度看，寻找失踪潜艇和寻找你在道路上的位置是非常类似的问题。不过，贝叶斯规则的应用还远远不止这些。实际上，考虑到它在日常生活中的应用，它是人类发现的最有用的等式之一——作为反对武断的完美数学工具，它告诉我们何时应该怀疑，何时应该包容。考虑你每天遇到的所有新信息。贝叶斯规则回答了一个非常重要的问题：你何时应该根据这些信息改变思想？如何改变？

在生活中，你可能从未坐下来，用纸和笔演算贝叶斯规则。这没有任何问题。重要的是，即使你没有做过这种计算，更加接近贝叶斯汽车的思维方式——即先验概率、数据以及二者的结合——也可以帮助你成为更加聪明的人。下面是两个重要例子。

医疗诊断中的贝叶斯规则

首先是一个拥有明确数字的例子——就连接受过高等培训的专家往往也会得到错误答案，因为他们没有使用贝叶斯规则。

想象你是医生，40 岁的爱丽丝（Alice）女士来到你的诊室进行常规乳房 X 光筛查。不幸的是，她的检查结果为阳性，这说明她可能有乳腺癌。不过，你在医学培训中学过，任何检查都不是完美的。爱丽丝的结果可能是假阳性。面对阳性结果，你如何判断她患有癌症的概率？下面是一些帮助你判断的事实。

- 在爱丽丝这类人中，乳腺癌的发病率是 1%。也就是说，在进行常规乳房 X 光检查的每 1000 名 40 岁女性中，大约 10 人患有乳腺癌。
- 检查的检出率是 80%：如果我们对 10 位患癌女性进行检查，平均大约 8 个人会被检查出癌症。
- 检查的假阳性率是 10%：如果我们对 100 位没有乳腺癌的女性进行检查，平均大约 10 个人会被错误标记为阳性。

根据这些数字，后验概率 P（癌症 | 阳性结果）是多少？

根据贝叶斯规则，答案很小：只有 7.4%。这个数字可能使你感到惊讶。实际上，感到惊讶的不只是你。很多医生会给出大得多的答案。在一项著名研究中，研究人员向 100 位医生提供了上述信息，其中 95 人估计 P（癌症 | 阳性结果）在 70% 到 80% 之间。他们不仅得到了错误答案，而且错了十倍。

这个例子引出了两个问题。首先，为什么乳房 X 光检查的准确率是 80%，后验概率 P（癌症 | 阳性结果）却只有 7.4%？其次，

为什么那么多医生得到了错得离谱的答案？

第一个问题的答案是，在乳房 X 光检查中得到阳性结果的大多数女性之所以是健康的，是因为最初接受检查的大多数女性是健康的。简单地说，癌症的先验概率很低。我们可以用瀑布图来说明，这种图很像自动驾驶汽车导航概率图的"日常生活"版本。在图 3.6 中，我们跟踪了假想的 1000 名接受常规乳房 X 光筛查的 40 岁女性。左边分支显示了 10 个拥有乳腺癌的女性（1000 的 1%）。由于检查的准确率是 80%，因此我们预期这 10 个人中有 2 个人被漏掉，有 8 个人被查出来。同时，右边分支显示了没有癌症的 990 位患者。由于检查的假阳性率是 10%，如果稍微进行四舍五入，我们预期大约有 890 人会通过检查，100 人会被错误标记为阳性。

所以，在瀑布底端，我们对 1000 个病人进行了如下分解。

- 108 个阳性结果。其中，8 例是真阳性，即被检查出的癌症病例。余下的 100 例是假阳性，即被错误标记的健康女性。
- 892 个阴性结果。其中，2 例是假阴性，即被漏掉的癌症病例。其他 890 例是真阴性，即正确得到健康结果的女性。

这 1000 个病例的可能性是相同的，因此我们为这些方格涂上了相同的浅灰色。癌症可能性相对较小的事实不是用颜色体现的，而是用数字体现的：在这 1000 个方格中，只有 10 个对应癌症病例。

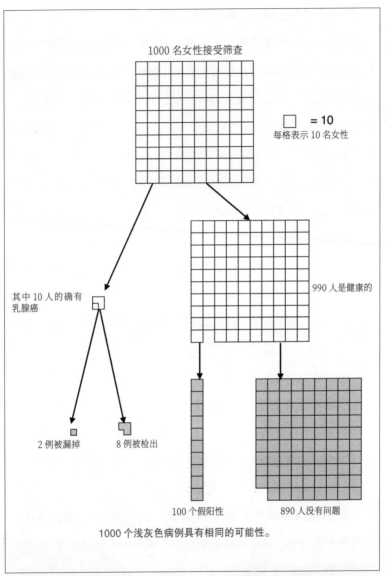

1000 名女性接受筛查

☐ = 10
每格表示 10 名女性

其中 10 人的确有
乳腺癌

990 人是健康的

2 例被漏掉

8 例被检出

100 个假阳性

890 人没有问题

1000 个浅灰色病例具有相同的可能性。

图 3.6　这张瀑布图跟踪了假想的接受常规乳房 X 光筛查的 1000 名 40 岁女性。

现在，让我们用这张图考虑假想病人爱丽丝的情况。当她第一次走进医生的诊室时，你知道爱丽丝将成为瀑布图底部 1000 名女性中的一个。但是，你不知道她是哪一个。当她的乳房 X 光检查结果呈阳性时，你知道爱丽丝一定是得到阳性结果的 108 个女性中的一个。所以，让我们重新考虑图 3.6 中的瀑布图，将这 108 个病例涂成深灰色，同时将其他 892 个病例涂成白色，以便将其排除。

在这 108 个阳性病例中，8 个是真正的癌症病例，100 个是假阳性。因此，爱丽丝患有癌症的后验概率 P（癌症 | 阳性结果）约为 $8/108 \approx 7.4\%$。

这就是贝叶斯规则。癌症的先验概率是 1%。在你看到数据以后，癌症的后验概率变成了 7.4%——比之前高得多，但是距离大多数医生估计的 70%～80% 仍然很遥远。（如果你想看到用等式计算的后验概率，请参考本章结尾的补充内容。）

现在，让我们转向前面提到的第二个问题。在估计后验概率 P（癌症 | 阳性结果）时，为什么许多医生提出了比实际值大 10 倍的数字？主要原因是，这些医生忽略了先验概率，这种谬误叫作"基本比率忽略"。医生 70%～80% 的估计值没有考虑到癌症在总体人口中较低的概率（1%），后者意味着大多数阳性结果是假阳性。相反，医生只关注了一个数字：检查的准确率是 80%，这意味着它可以将 80% 的癌症病例检查出来。医生对数据的关注太多，对先验知识没有给予足够的重视。

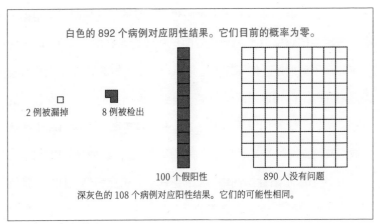

图 3.7　重新考虑瀑布图

这个故事有三个教训。首先，永远不要询问医生"这项检查的准确率是多少"。在最好的情况下，你也只能得到错误问题的正确答案。相反，应该询问"我患有这种疾病的后验概率是多少"。（不过，请做好看到对方发火的准备，因为医生可能不知道什么是后验概率。）[①]

其次，虽然贝叶斯规则通常被表示为等式，但是你很少需要通过这个等式计算后验概率。相反，你只需要画出前面那种瀑布图，对假想的目标群体进行一些数据处理。你可以在不打碎数学蛋壳的情况下吃到贝叶斯煎蛋。

最后，在解释数据时，永远不要忽略基本比率，即先验知识。根据贝叶斯规则，正确的后验概率总是数据和先验概率的组合——

---

① 这里所说的乳房 X 光检查对身体有害，可以改用其他方法。——译者注

这和机器人汽车的导航是一样的道理。

贝叶斯规则与调查

实际上，当你对基本比率忽略现象产生敏感性时，你在哪里都会看到它。正如下面的例子所示，当你思考一生中最重要的财务决策之一（退休投资）时，你应该特别当心这种谬误。

粗略地说，退休资产有两种常见的投资策略：指数投资和赌博。"赌博"是指将资金委托给试图跑赢大盘的活跃的基金经理，即选择获胜者。"指数投资"是指放弃跑赢大盘，直接购买市场，即购买标普 500 等覆盖面很广的股票指数。

赌博的支持者认为，长期来看，这种策略完全可以跑赢大盘。他们对于这种说法最好的论据其实是一个人名：沃伦·巴菲特（Warren Buffett）。巴菲特又叫"奥马哈先知"，他在投资史上是一个独特存在。他的表现令人瞠目结舌：从 1964 年到 2014 年，巴菲特的投资公司伯克希尔·哈撒韦的 1 万美元投资竟然增值为 1.82 亿美元。巴菲特的持续性同样令人称奇：从 20 世纪 60 年代中期开始，几乎每五年，他所选择的股票都超越了标普 500。巴菲特是最成功的华尔街成功故事，但他并不孤独。除他以外，还有几个真正的金融奇才，比如乔尔·格林布拉特（Joel Greenblatt）和彼得·林奇（Peter Lynch），他们的历史纪录极为震撼，不可能仅仅来自运气。发现和聘用这些优秀基金经理的投资者获得了丰厚的回报。

　　不过，在这些罕见天才的例子之外，我们发现了残酷的数字事实：大多数基金经理和沃伦·巴菲特没有任何相似之处。在 2007 年到 2016 年的十年间，他们的表现尤其糟糕。这段时间包括了一段疯狂的牛市以及随后的历史性崩盘。这是基金经理发挥才能的理想条件。不过，根据标普的数据，86% 的主动管理式股票基金在这段时间的表现低于标普基准。在欧洲，情况更加糟糕：98.9% 的国内股票基金、97% 的新兴市场基金和 97.8% 的全球股票基金的净收益低于大盘基准。荷兰的活跃基金经理排在全球倒数第一：他们没有一个能够超过大盘基准。

　　结论是，真正的选股天才的确存在，但是很难找到。那么，这些事实对你的投资策略有什么影响呢？你是应该满足于指数基金呢，还是应该大胆赌博，寄希望于找到真正能够跑赢大盘的少数几个投资经理呢？

　　如果你决定赌博，那么你必须承认一个事实：你需要通过贝叶斯方法寻找下一个沃伦·巴菲特。可能的"搜索位置"是为你的资产而竞争的所有基金经理，你的"搜索数据"是每个经理历史记录中的信息。你在不能持续跑赢大盘的众多基金经理中找到一个罕见例外的可能性有多大？

　　贝叶斯规则给出了很明确的答案：可能性微乎其微。

　　为说明这一点，我们要使用一个比喻，以便使这个问题的概率处理变得简单一些。假设大多数共有基金经理只是在抛硬币。在一些年份，他们抛出了正面，跑赢了大盘。在另一些年份，他们抛出了背面，输给了大盘。（当然，不管他们抛出正面还是背面，他们都要向你收费。）在这种比喻中，像沃伦·巴菲特这样的罕见投资者拥有两面都是正面的硬币，每年都可以跑赢大盘。

根据这种比喻，如果比较沃伦·巴菲特和 5 个普通基金经理十年间的表现，我们可能会看到下面的结果。

	第一年	第二年	第三年	第四年	第五年	第六年	第七年	第八年	第九年	第十年	正面总数
简·多伊	正面	正面	正面	背面	正面	背面	背面	正面	背面	背面	5
约翰·布尔	背面	背面	正面	正面	正面	正面	背面	背面	背面	正面	5
让·杜邦	正面	正面	背面	正面	背面	正面	正面	背面	背面	正面	7
扬·詹森	背面	背面	正面	正面	正面	背面	背面	背面	正面	背面	4
马克斯·马斯特曼	背面	背面	正面	正面	背面	背面	背面	背面	背面	正面	3
沃伦·巴菲特	正面	正面	正面	正面	正面	正面	正面	正面	正面	正面	10

五位普通投资者的表现完全是随机的，巴菲特的表现则来自他选择股票的优秀才能——也就是他藏在内布拉斯加州奥巴哈市保险箱中的那枚两面都是正面的特殊硬币。你可以在表中看到，他的优秀表现使他在群体中脱颖而出。

问题是，在华尔街，这个群体非常大。抛硬币并收费的不是五个平庸的基金经理，而是成千上万的基金经理——他们中很可能会有几个人仅仅凭借运气而长期取得优秀表现。

这就是贝叶斯规则发挥作用的地方。假设一个坛子里有1024个普通硬币。一个朋友在坛子里放了一个两面都是正面的硬币。你的朋友对坛子进行了充分的晃动。你随机取出一枚硬币。你想知道这枚硬币是否有两个正面，但是规则不允许你观察两面：在现实中，你无法做到这一点，因为每个基金经理都会有一些巧妙的推销辞令，使他们听上去像是拥有两个正面的硬币。所以，你只能抛10次硬币，对它的双面性进行静态测试。

现在，假设硬币在所有10次抛掷中都是正面。根据这个证据，你手里拿的是两面都是正面的硬币，还是1024个普通硬币中的一个？为了用贝叶斯规则回答这个问题，让我们考虑下面的事实：

- 坛中有1025个硬币，其中1024个是正常的，1个硬币两面都是正面。
- 两面都是正面的硬币一定会连续10次抛出正面。
- 任何一个随机选择的正常硬币连续10次抛出正面的概率都是1/1024。（10个1/2相乘。）因此，在坛中的1024个硬币中，我们预期有1个硬币连续10次抛出正面。

我们可以将所有这些信息制作成下面的表格：

	至少1个背面	连续10个正面
正常硬币	1023（真阴性）	1（假阳性）
两面都是正面的硬币	0（假阴性）	1（真阳性）

这个矩阵告诉我们，在坛中的 1025 个硬币中，我们预期有两个硬币连续 10 次抛出正面。其中，只有一个是两面都是正面的硬币。即使抛掷了 10 次，你拥有这枚硬币的概率也只有 50%。

现在，让我们将这个硬币场景与历史记录超出平均水平的主动管理型共同基金经理可能说出的营销语言进行比较：

> 看看我过去的表现。我的基金已经经营了 10 年，我每一年都跑赢了大盘。如果我只是普通基金的普通选股者，这种情况的可能性是很小的，还不到千分之一。

这个场景的数学计算与坛中硬币的场景是完全相同的。可以说，这个基金经理宣称自己是拥有两个正面的硬币，因为他连续 10 次抛出了正面，即连续 10 年跑赢了大盘。不过，从你的角度看，事情并没有这么清晰。你应该认识到，这种巧妙的营销辞令混淆了两种不同的概率：P（连续 10 年获胜 | 优秀选股者）和 P（优秀选股者 | 连续 10 年获胜）。不要忘记我们从亚伯拉罕·瓦尔德的故事中吸取的重要教训：条件概率不是对称的。

那么，这个基金经理是优秀还是幸运呢？让我们在两种不同先验假设下进行贝叶斯计算。首先，假设你相信 1% 的选股者真正具有跑赢大盘的能力，其他 99% 的人只是在抛硬币。在这种假设下，想象我们在 10 年间跟踪 1 万名选股者。

- 100 个优秀选股者（1 万的 1%）每年都能跑赢大盘。
- 平庸的选股者连续 10 次跑赢大盘的概率是千分之一。[①] 由于有 9900 个平庸的选股者，因此我们预期大约有 10 个人仅仅凭借运气连续 10 年跑赢大盘。

所以，有 110 人跑赢大盘，其中 100 人依靠能力，10 人依靠运气。因此，后验概率 P（金融奇才 | 连续 10 年获胜）是 100/110，约为 91%。

如果你相信有能力的人更加稀少，比如 P（真正的金融奇才）= 1/10,000，情况又会怎样呢？在这种先验条件下，后验概率要小得多：

- 只有 1 个优秀选股者能够每年跑赢大盘。
- 在 9999 个平庸的选股者中，我们仍然预期大约有 10 人能够仅仅凭借运气连续 10 年跑赢大盘。

所以，P（金融奇才 |10 年连续获胜）=1/11，约为 9%。

贝叶斯规则意味着对于投资者历史记录的正确理解严重依赖于先验概率，即优秀基金经理到底是常见还是稀缺。不过，现有的所有证据表明，真正的金融奇才非常稀缺。回忆一下，在统计数据中，

---

① 这里做了四舍五入。

在一年中跑赢大盘的基金已经很少了，连续 10 年表现优秀的基金就更少了。

对于普通投资者来说，这引出了一个重要结论。世界上也许的确存在优秀的选股者。不过，贝叶斯规则告诉我们，如果没有很长的历史记录，我们就不能在仅仅交到好运的数量更多的平庸者中可靠地将这些天才区分出来。就连巴菲特的才能也是在几十年的时间里显露出来的。所以，对于寻找天才基金经理这个问题，贝叶斯规则的结论是：不要寻找。这比在 4300 公里的开阔海域寻找失踪的潜艇更加困难。如果不是试图选择获胜者，而是投资于覆盖面很广的股票和债券指数，你几乎一定会过得更好。

不过，希望是永不止息的。所以，如果你的乐观没有因为贝叶斯规则的残酷现实而减少，你可以保留这种想法。如果你希望找到下一个沃伦·巴菲特，那么你只能相信一句推销辞令——在选股者的职业生涯早期，业绩数据几乎是没有用的。所以，请谨慎行事。否则，你会选择拥有伶牙俐齿而不是真才实学的经理。

尾 声

我们起初将贝叶斯规则描述为寻找失踪潜艇的规则。今天，贝叶斯搜索已经成了一个小型产业，一些公司完全致力于搜索和救援咨询。例如，你可能记得法航 447 的悲剧，它在 2009 年 6 月从里约热内卢飞往巴黎途中在大西洋坠毁。到了 2011 年下半年，对于残骸的寻找已经持续了两年，但却毫无结果。接着，人们雇用了一家贝叶斯搜索公司。该公司制作了一张概率地图，在不到一个星期的海底搜寻中找到了飞机。

实际上，贝叶斯规则的主要思想——用新证据更新先验知识——适用于各个领域，包括且不限于自动驾驶汽车。生物学家用它理解基因在癌症中扮演的角色。天文学家用它寻找银河系外部边缘围绕其他恒星运行的行星。它被用于检测奥运会兴奋剂，过滤邮箱中的垃圾邮件，帮助四肢瘫痪者直接用思想控制机器手臂，就像天行者卢克（Luke Skywalker）一样。还有，你已经看到，它对于涉足危险的医疗保健和金融领域非常重要。

所以，贝叶斯规则不仅仅是寻找失踪事物的原则。它的确帮助我们找到了天蝎号，而且可以帮助自动驾驶汽车找到自己在道路上的位置。同时，它也可以帮助你在每天的海量信息之中找到智慧。

补充：贝叶斯规则的公式

在日常生活的大多数场景中，在使用贝叶斯规则的基本逻辑时，你不需要知道它的公式。本章介绍的地图和瀑布图几乎不涉及数学元素，但却可以帮助你解决许多问题。不过，如果你想从事数据科学行业，或者只是想了解细节，那么你应该知道这个公式。下面是大学人工智能或统计学课程中的贝叶斯规则：

我们用字母 H 表示可能成立或不成立的假设，用字母 D 表示一些相关数据。贝叶斯规则告诉我们如何用数据将假设的先验概率 $P(H)$ 转变成后验概率 $P(H|D)$：

$$P(H|D)= \frac{P(H) \cdot P(D|H)}{P(D)}$$

在医疗检查的例子中，H 是给定患者患有乳腺癌的假设，D 是检查结果为阳性的数据。我们知道，1% 的患者患有乳腺癌：$P(H)$=0.01。类似地，我们知道，在存在乳腺癌的情况下，这种检查检出乳腺癌的准确率是 80%，$P(D|H)$=0.8。最后，我们需要阳性结果的总体概率 $P(D)$。根据瀑布图，我们知道，在 1000 次检查中，大约 108 人会得到阳性结果，包括 8 个真阳性和 100 个假阳性。因此，$P(D) \approx$ 108/1000=0.108。

这就是我们需要的全部。让我们将这三个数字代入贝叶斯规则，以计算阳性结果的癌症后验概率：

$$P(H|D)=\frac{0.01 \cdot 0.8}{0.108}=0.074$$

这和我们用瀑布图得到的概率 7.4% 是相同的。

第四章　奇异恩典

Chapter 4　AMAZING GRACE

从巴别塔到比特：机器如何学习我们的语言

从人类试图让机器理解语言的那一刻起，机器一直在犯愚蠢的错误。你一定曾为手机上的自动校正功能而困扰。或者，你也许在海外旅行时见过网络翻译服务对人们的误导，比如在动物园（"不要喂动物，把所有食物交给值班保安"）或者在干洗店（"在这里脱裤子"）。人工智能专家经常提到的笑话是，如果斯坦利·库布里克（Stanley Kubrick）在今天拍摄电影《2001：太空漫游》，那么戴夫（Dave）和居心不良的超级计算机哈尔9000之间的对话可能是这样的：

戴夫

　　打开舱（pod）门，哈尔。

哈尔

　　我搜索了网络，发现了 iPod 的一些结果，戴夫。你想看看吗？

机器还会犯下微妙的错误。在与人类竞争者在《危险》节目上进行重要对决之前，IBM 的沃森超级计算机曾接受过押韵测试。一条测试提示是"击打腰带下方的拳击术语"。正确的押韵答案是"低打"——但沃森的回答却是"旺棒"，这个词语不存在于它的数据库中，一定是它自己编的。

类似这样的打脸事件还有很多。不过，我们希望你记住两个事实。首先，人类也会在语言上犯错误。人们有一些粗俗的说法，比如"出于所有强烈目的"或者"接受他的点手召唤"。人们会误解歌词，比如比利·乔尔（Billy Joel，"我们没有放火，它一直在燃烧，最糟糕的律师说道"）或者麦当娜（Madonna）（"就像被接触三十一次的处女"）。人们还会犯下翻译错误。例如，在 2009 年，国务卿希拉里·克林顿（Hillary Clinton）为俄罗斯外交部长精心准备了一件礼物：一个用英语和俄语表述"重启"的巨大红色按钮，用于象征奥巴马政府在对俄关系上的"按下重启按钮"政策。不过，这个政策的效果并不好——因为礼物上的俄文写的不是"重启"，而是"超载"。

第二件需要记住的事情是，机器的语言能力正在迅速提高。（你必须承认，"旺棒"是一种很有创意的拳击评论。）人工智能专家用"自然语言处理"（NPL）一词来描述计算机对语言的处理。过去几年，成功的自然语言处理系统如雨后春笋般地涌现出来：

- 亚马逊 Echo 和谷歌 Home 等数字助理比仅仅几年前笨拙

的语音文本转换程序要好得多。它们可以安排预约，制作购物清单，选择歌曲，计算信用卡账单——所有这些都是通过语音完成的，其转换准确率在不久前还会被视作天方夜谭。

- 2016 年推出的谷歌翻译比之前的机器翻译好得多。这个软件现在可以为一百多种语言生成体面的翻译——其中许多翻译直接来自手机摄像，比如饭馆菜单或火车站标识。Skype 在视频聊天中也能实时完成类似的任务。

- 模拟人类对话的聊天机器人软件正在成为数字世界无处不在的功能。它们在脸书即时通上很受欢迎。在这里，你可以要求机器人用 Kayak 预订行程，或者要求店主检查延误包裹的状态。聊天机器人在中国更加流行，大多数中国初创公司在建立网页之前先在微信上创建一个官方机器人——微信的用户基数为 9.3 亿。

今天的机器甚至开始学习写作了。美联社开始使用一种算法，可以根据技术统计写出还算合格的简明新闻，美联社将其用于偏远地区没有记者在场的大学棒球比赛。这种系统甚至学会了体育报道的套话，它只需要插入每次比赛的数据。Salesforce 公司的数据科学家最近开发了类似的程序，可以对长篇文章进行准确的总结，以帮助公司员工更加迅速地阅读新闻报道。的里雅斯特大学的研究人员设计了一种算法，可以编造出令期刊编辑都难以分辨的同行评论。作为饱受同行评论批评的学术人员，我们两人对此并不吃惊。

此外，还有软件开发者安迪·赫德（Andy Herd）的编外项目。赫德用 20 世纪 90 年代流行情景喜剧《老友记》的一些台词训练神经网络，然后观察它能写出什么样的新剧本。当然，它所写出的文字毫无意义，但它们与《老友记》的风格非常相似。莫妮卡（Monica）古怪而咄咄逼人，钱德勒（Chandler）嗜酒如命。剧本中甚至还有随机选择的 20 世纪 90 年代的电影明星配角：

范·戴姆（Van Damme）

我要走进垃圾。

莫妮卡

接着说！

菲比（Phoebe）

啊，女士！你要去他那里跳跃……

钱德勒

所以，菲比喜欢我的裤子。

莫妮卡

鸡肉鲍勃！

钱德勒

（在小松饼里）（跑向女孩并哭泣）

我能得到一些礼物吗？

想一想,如果《老友记》不止236集,你会得到什么——对于情景喜剧来说,236集很长,但是从神经网络的标准来看,这只是很少的训练数据。

所以,如果你想理解掌握语言的人工智能系统的未来,那么你应该问的问题不是机器为什么会犯下有时很可笑的错误,而是它们是怎样如此有效地学会倾听、表达甚至写作的。

两场革命的故事

这里有两场革命值得讲述。有20世纪50年代达到高潮的编程语言革命,还有我们正在经历的自然语言革命。这两场革命存在重要区别,但它们有一个共同思想:要想让机器理解词语,你需要将它们表述成机器能够处理的语言。这意味着你需要将词语转化成数字。

在几十年时间里,唯一有效的方法就是基于预定规则的自上而下策略。你可以将这些规则看作规定"机器"和"人类"双方如何用语言交流的合同。想象你能想到的世界上工资最高的律师撰写的最详细的法律合同。然后,将它的详细程度提高一百倍。

- 有一组面向人类的规则,叫作编程语言。(有名的例子包括 Python、Java 和 Perl。)编程语言包含"+"和"="等数学符号,以及数量有限的英语单词,通常以固定宽度字体表示，以便使人们敬而远之，比如 IF、THEN、WHILE 等。这些语言也有语法，即将词语组合成合法"句子"、以指示机器做一些事情的规则。

- 还有一组面向机器的规则由编译器编码。这些规则在幕后运行，程序员看不到它们。它们为机器提供了分步详细指导，可以将编程语言中每个可能出现的句子翻译成由比特和向量组成的内部"机器语言"。

合同的解释严格遵循字面意义。如果你用编程语言写下一个符合语法规则的语句，那么机器需要严格执行你的命令。即使你的语句和语法存在一丁点儿偏差，比如拼错了一个单词或者漏掉了一个分号，机器也会向你竖起中指，我们喜欢将其表示成 00100。

在几十年时间里，这是人类和机器成功对话的唯一途径。你将在本章了解到，在计算机时代刚开始时，人们只能用 0 和 1 组成的计算机自身的二进制语言和它们交流。与此相比，上述编程语言已经有了巨大进步。不过，在这些规则下，我们几乎无法在传达消息时充分发挥语言的力量。当然，我们也可以通过指针、点击和滑动等方式让计算机做一些简单的事情。不过，这很粗鲁，就好像你只能通过指指点点或者从别人眉毛上垂下来的菜单和他们交流一样。相比之下，语言则更加有效——从 20 世纪 50 年代起，如果你真的想用语言对计算机发号施令，那么你只能使用编程语言。

但这已经成为过去。大约从 2010 年开始，最聪明的人工智能专家设计了另一组合同条款，即人机语言交流"新政"。这个新政不是自上而下的，而是自下而上的。我们首先扔掉了事先确定语法规则的厚书。我们开始用自己的语言和机器交谈，比如英语、汉语、朝鲜语等。机器需要解读我们的意思，并用我们选择的语言做出回答。此时，不会有某个律师在它们耳边说，如果我们漏掉一个分号，它们就可以无视我们。

为实现这个新政，我们为机器提供了三件事物，本章稍后会解释它们的重要性。

1. 玩具：高速 GPU 和大量内存。
2. 优秀的软件，即基于"词语向量"的神经网络。词语向量是一个同时涉及语言和数学的很棒的概念，可以将词语转化成数字，用于建立预测规则。
3. 最为重要的数据宝库。由于过去二十年人类语言输出的大规模数字化，我们积累起了这份宝藏。

最后一点是最重要的。人们拥有几十亿个语言事实，其中大多数被他们视作理所当然的事情——比如"脱裤子"和"放下裤子"适用于完全不同的场合，其中只有一个适用于干洗店。像这样的知识很难写成明确的规则，因为它们太多了。信不信由你，我们知道的让机器学习这些知识的最佳途径是向它们提供装满人类语言的巨大硬盘，让机器用统计模型自己把它们搞清楚。

这种完全由数据驱动的语言策略看上去可能很天真。直到不久前，我们还没有支持它的足够多的数据和足够快的计算机。不过，这种策略如今运转得非常好。例如，在 2017 年的科技会议上，谷歌大胆宣布，机器在语音识别上已经可以和人类相匹敌了，其平均每个单词的听写错误率达到了 4.9%——比 2013 年常见的 20%~30% 的错误率大为改善。这种语言性能的巨大飞跃是机器今天看上去如此聪明的一个重要原因。实际上，有人可能会说，和人类相当的语音识别能力是人工智能过去十年最重要的突破。

那么，转折是何时发生的，又是怎样发生的呢？什么是"词语向量"？为什么它们这么有用？为什么数据在这里非常重要——为什么不能直接将语言规则明确地写出来，让机器去遵循，就像让三年级学生理解英语语法或者让机器理解 Python 一样？

为了回答这个问题，我们要向你讲述格蕾丝·霍普（Grace Hopper）的故事。霍普被昵称为"惊人的格蕾丝"，这不完全是因为她是本书中唯一出现在《大卫·莱特曼》节目中的人。霍普在 1934 年获得耶鲁数学博士学位，在二战期间加入美国海军，为美国服役超过 42 年。在这个过程中，她成了历史上第一个让计算机理解英文的人。所以，机器说话、倾听和写作的故事——沃森、亚历克莎、聊天机器人、谷歌翻译以及数字界其他所有语言奇迹的故事——最初始于惊人的格蕾丝。

软件女王格蕾丝·霍普

1906 年，格蕾丝·霍普出生于纽约市。作为小女孩，她很快了解到，她的家族有两个非常光荣的传统：自给自足和服务国家。她和父母夏天去新罕布什尔旅行时，格蕾丝独自在水上划船。突然，一阵风掀翻了小船，格蕾丝掉进了湖里。不过，她的母亲似乎并不在意，只是在岸上看着格蕾丝在水里扑腾。她拿起扬声器，喊道，"不要忘了你那身为将军的曾祖父！"格蕾丝很快拖着小船游回了岸边。

她的曾祖父是海军少将亚历山大·威尔逊·拉塞尔（Alexander Wilson Russell），年轻时曾与巴巴里海盗作战，后来在联合海军服役。不过，格蕾丝的军队血统还可以上溯到更早的时候。在她的一生中，她一直在讲述塞缪尔·莱缪尔·福勒（Samuel Lemuel Fowler）的故事，这位祖先曾在 1775 年拿着火枪前往马萨诸塞州康科德市保卫祖国。格蕾丝在 168 年后做了同样的事情，尽管她没有对抗英国人，而是与他们并肩作战。

1924 年秋，格蕾丝·霍普坐船前往瓦萨学院，准备在毕业后进入职场。这一年，瓦萨引入了三门新课程："育儿""丈夫和妻子""作为经济单元的家庭"。霍普没有选修这些课程。相反，她选择了"电磁学""概率和统计""复杂变量理论"。在母亲的强烈鼓励下，她一直很喜欢数学，从未选择当时女性的传统路径。她在瓦萨表现出色，于 1928 年凭借数学和物理学学位光荣毕业，然后很快进入耶鲁，攻读数学博士学位。

1931 年，还没有完成博士论文的霍普回到瓦萨，成了数学教师。在那里，她对数学的喜爱和兴趣感染了许多人。她成了广受欢迎的导师。她将一门课程的报名人数从 10 人提升至 75 人，还有许多学生提出了候补申请。她的数学课堂与众不同。她注重实际演示，很少讲授抽象概念。例如，在教授排水量时，她让全班同学进入浴室，让一个人爬到浴缸里。她在异地完成了耶鲁论文，于 1934 年毕业。在接下来的十年里，她继续在瓦萨教书。

战争中的霍普：哈佛马克一号

第二次世界大战的爆发永远改变了格蕾丝·霍普的人生。1942年，牢记祖父和珍珠港事件的霍普试图加入海军女子预备队，这是对女性开放的少数军事部门之一。不过，军方认为 35 岁的霍普太老了。另外，霍普的身高为 1.65 米，体重为 47.5 公斤，比最低要求低 7 公斤。她遭到了拒绝。不过，服役的坚定决心是格蕾丝家族的天性。她又试了一次，提交了体重要求的特别豁免文件。这一次，她被录用了。1943 年 12 月，她加入了美国海军预备队。她很快完成了海军军官学校的学习。正如格蕾丝所说，"30 天学习如何接受命令，30 天学习如何发布命令，然后你就是海军军官了。"在 800人的班级中，她以第一名的成绩毕业，于 1944 年 6 月被任命为上尉（基本级别）。

由于拥有数学背景，霍普认为她会被分配到密码部门，参与轴心国无线电密码的破解工作。不过，有一件事情更加适合她的背景。她被要求前往马萨诸塞州坎布里奇市报到。在那里，她成了第三个学会操作哈佛马克一号的人。马克一号是美国第一台可编程数字计算机。多年后，当霍普成名时，有记者问她是怎样进入计算领域的。她的回答很简单："海军命令我前去操作美国第一台计算机，我就去报到了。"

马克一号由霍华德·艾肯（Howard Aiken）设计，由 IBM制造，以战争名义被捐赠给哈佛——艾肯既是哈佛教授，又是海军指挥官。马克一号极为庞大，重 5 吨，长 15 米，高 2.4 米，宽 0.9米，比半拖车还要长，比两头犀牛还要重。它有 900 公里长的电线、76.5 万个电子机械开关以及由诺曼·贝尔·格迪斯（Norman Bel Geddes）设计的时髦而具有现代风格的外壳。马克一号与其他早期计算机的区别在于，它是真正的通用计算机。它可以处理微分方程、线性代数、调和分析和统计。它可以通过程序模拟火箭、潜艇、雷达波以及其他任何事物。它的创造者之一艾肯称之为"通用算术机"，但报纸更喜欢使用"机器人脑"和"代数超脑"等说法。当军队领导人前来参观时，艾肯吹嘘说，马克一号速度极快，可以每秒完成三个数字的加法，每 14.7 秒做一次长除法。顺便说一句，我们可以将这些数字与 2017 年的苹果手机进行有趣的比较：

	大小（厘米）	重量（克）	每秒可运行加法数
哈佛马克一号（1944 年）	1550×250×90	4,284,180	3
苹果手机 X（2017 年）	14×7×1	138	350,000,000,000

以每单位体积每秒计算次数衡量，苹果手机 X 的能力是马克一号的 4000 万亿倍（$4×10^{15}$）。不过，马克一号的计算速度仍然比人类快得多。而且，新款苹果手机是在 73 年之后出现的。

当霍普来到哈佛时，她的指挥官让她在一个星期之内学习为马克一号编程。你在下面几页将会看到，这是项缓慢而令人沮丧的工作——没有指导手册，没有提供技术支持的聊天机器人，而且刻不容缓。当时是 1944 年夏，盟军战士正在猛攻诺曼底海滩，马克一号团队的任务是计算弹道表格，以便告诉战士如何为新型远程火炮瞄准。此外，这并不是团队唯一的重要项目。他们最大的项目是 1944 年 8 月的"K 问题"，是由新墨西哥州洛斯阿拉莫斯实验室提出的高度机密并且极为复杂的计算任务。当这份请求到来时，马克一号未来几个星期的时间已经被预约。不过，海军要求无条件满足洛斯阿拉莫斯数学家的要求——这位数学家叫作约翰·冯·诺伊曼，他所研究的项目叫作曼哈顿计划。

如何在 1944 年与计算机交谈

战后，霍普完全可以回到瓦萨，以正教授的身份度过一生。不过，和教学相比，她更喜欢计算机。于是，她留在海军预备队，开始了新的生活，成了世界上屈指可数的计算机专家之一。在这一领域，霍普很快就会迈出历史性的一步，这源于她为马克一号编程时经历的沮丧：她将成为第一个用英文和计算机交谈的人。

战后，霍普在哈佛计算实验室工作了四年。接着，在 1949 年，她进入了埃克特 - 莫克利计算机公司，该公司制造了一台计算机，叫作尤尼瓦克。对于格蕾丝和计算机领域的未来来说，这是一个重大决定。在尤尼瓦克之前，人们认为计算机是数学和科学计算的优秀工具，但是做不了其他事情。专家认为，美国可能需要 20 台计算机，其中大多数需求来自政府研究实验室。不过，霍普为尤尼瓦克所做的工作改变了这一点。她证明，计算机也可以解决与数据库有关的企业问题——马克一号在战争期间面对的纯数学问题从未出现数据库这一复杂因素。在霍普的帮助下，各地的公司开始看到这些新型机器的潜力。最终，美国钢铁公司购买了一台尤尼瓦克，用于计算工资。大都会人寿保险公司也购买了一台，用于计算保险费。杜邦、通用电气、美国人口普查局、西屋公司——它们都购买了一台尤尼瓦克，用于计算数据，这使尤尼瓦克成了世界上首个取得商业成功的计算机。

为了解释霍普在这里的重大突破，我们需要回到 1944 年的问题：霍普是如何向马克一号发布指令的呢？她是如何让 76.5 万个电子机械开关相互协调，共同计算出弹道表格的呢？

当然不是用英语。霍普是这样描述的："你只需要将所有数学处理分解成一系列加减乘除的细小步骤……然后将它们排成一个序列。"她说得很简单，但这其实并不简单。最难的部分是用马克一号自身的"机器语言"来表述这些指令，因为它只能理解机器语言。

要想理解机器语言，想象一个沏茶的计算机程序。在 Python 等现代"高级"编程语言中，这个程序可能是这样的：（1）在茶壶里放两匙茶。（2）煮 0.5 升开水。（3）将开水倒进茶壶，浸泡 4 分钟。不过，在机器语言中，你需要将这些指令分解成更加细小、更加具体的任务。你不能说"煮开水"，而是需要首先描述如何走到水槽边：移动左脚，移动右脚，移动左脚等。接着，你需要描述如何装满水壶：举起左手，抓住水龙头，顺时针扭动把手等。接着，你需要用同样冗长乏味的生物机械细节描述如何煮水、泡茶和倒茶。此外，你需要用数字编码而不是英文发布每个指令。你需要在长长的穿孔纸带上打孔，然后送进计算机。这些编码精确地告诉马克一号如何在内部电路中处理比特（二进制数字，即 0 和 1）。作为程序员，你需要知道哪些编码负责哪些事情。在沏茶的例子中，72 04 可能表示"移动左脚"，61 07 可能表示"用左手抓住水龙头"等。

所以：72 04，61 07……这就是典型的机器语言。这和"活着，还是死去"相距很远——和"亚历克莎，播放一些八十年代音乐"相距就更远了。正如作家道格拉斯·霍夫施塔特（Douglas Hofstadter）所说，"观察用机器语言写成的程序有点像观察由一个个原子组成的 DNA 分子。"不过，这就是计算机直到今天的"思考"方式。在数字时代早期，你根本不可能通过其他方式让它们做事情。那个时代的程序员就像二进制水管工一样，他们查阅密码本，以了解如何将数学问题翻译成机器语言，然后将比特输送到计算机的电路中。你需要在密码本中查阅条目，在纸带上打出合适的小洞，将纸带送进计算机，然后又手等待。

这种人机交流方式枯燥而且容易犯错。更糟糕的是，一些早期计算机使用的甚至不是正常的十进制。相反，它们使用的是八进制，这会导致 7+1=10 或 5×5=31 等烧脑的算术。这使程序员痛苦不堪，格蕾丝·霍普也不例外。一次，霍普在比那克计算机上进行了几个星期的八进制编程。随后，她发现支票簿上的数字对不上了。她一遍又一遍地计算数字，但她找不到错误。接着，她明白了。她的数字之所以和银行数字不符，是因为她无意识地在支票簿上使用了八进制。

霍普发明编译器

对霍普来说，支票簿事件深刻说明了计算机的问题：它们并不能讲述我们的语言。不过，霍普也看到了改进的可能性。这一切始于提及和记录常见模式的思想，后来被称为"子程序"思想。

也许你知道囚犯的故事。他们对所有笑话了然于胸，因此为每个笑话编了一个序号，使讲述变得更加简便。一个家伙喊出"31"，其他囚犯就会哄堂大笑。另一个家伙喊出"17"，大家会笑得更起劲。不过，当第三个家伙喊出"104"时，所有人都陷入了沉默，因为这里的幽默完全取决于你的讲述方式。

在计算领域，子程序就像被编号的笑话一样，是一段通用代码，可以解决二次方程分解和数组排序等反复出现的问题。每当霍普为马克一号编写子程序时，她会将其抄写在笔记本上，以免下次做重复工作。不久，她收集了很多用机器语言写成的子程序。当她需要再次使用某个子程序时，她会将其从笔记本上复制到纸带上。这需要很长时间，而且一个复制错误会毁掉整个程序。不过，霍普意识到，马克一号的复制能力优于所有人。这使她产生了一个想法。为什么不能存储一个子程序库——就像囚犯为笑话编号那样用数字代码编号——并且通过程序指示计算机在某项任务需要子程序时进行复制和编译？换句话说，为什么不能通过程序让计算机为自己编程呢？

这种"编译器"思想也许是计算史上最重要的软件创新。根据之前沏茶的比喻，当程序员灌水壶时，他们不再需要编写"举起左手，抓住水龙头，转动水龙头"等指令。相反，他们只需要为机器提供灌水壶、煮水等操作的上层代码。机器可以自动将所有合适的子程序编译到沏茶程序中。过去需要编写一个星期的程序现在只需要五分钟。此外，每个子程序得到了提前调试，可以正常工作。你已经不可能把笑话讲错了。

当霍普首次向老板们解释这种思想时，他们认为她疯了。他们告诉她，计算机只能从事数学计算，不可能自己编写程序。只有人类才能编写程序。此时，格蕾丝说出了一句名言，她后来还会多次重复这句话："语言中最危险的一句话是，'我们一直是这样做的。'"当然，霍普的老板是错误的，就像她最终证明的那样。

霍普没有止步。她的编译器思想使她相信了一个重要真理：计算机的未来取决于更加方便的人机交流。这不仅仅需要用数学代码替代之前传送二进制纸带的手工操作。数学表示法能够被科学家和海军研究员接受。不过，霍普指出，大多数潜在计算机买家"即使遇到在街上散步的余弦，也不会将其认出来"。商人需要的不是指示计算机计算火箭轨迹的语言，而是处理账户、价格、销售、工资、工时等数据库的语言。只有一种谈论数据的通用语言适用于不同商业领域：英语。对霍普来说，结果是显而易见的。她需要通过程序让计算机处理英文输入。

和之前一样，她的老板认为，这种愚蠢的想法根本不值得尝试。他们在1953年拒绝资助这项提案。我们当然不能让计算机理解英文，他们对她说。整个想法是荒谬的。我们需要用符号和数学为计算机编程。我们一直是这样做的。

这不是她第一次对抗计算领域的男子汉文化，也不会是最后一次。不过，当狂风掀翻格蕾丝的独木舟时，她坚强地游到了岸边。这一次，她在业余时间追求她的理想。到了1955年1月，她完成了一个试用原型。面对一屋子的顶级公司经理，她证明了她的"数据处理编译器"可以使尤尼瓦克理解英文程序，这个程序的前几行看上去是这样的：

```
Input Inventory File A; Price File B;
Compare Product #A With Product #B.
```

```
If Greater, Go To Operation 10;

If Equal Go To Operation 5;
```

霍普通过程序让计算机在后台翻译这些语句，使用户可以关注他们知道的事情（数据流），而不是他们不知道的事情（数学细节）。

接着，霍普犯了一个错误。为了强调计算机只是根据规则将语句和比特模式相匹配，她证明了同样的法语语句可以得到同样的程序："Lisez-paquet A; Si Fin de Donnes Allez en Operation 14."这使老板们心慌意乱。正如格蕾丝所说："这捅了马蜂窝。显然，在宾夕法尼亚州费城制造的体面的美国计算机不可能理解法语。"这几个可疑的非美国语句使她的项目推迟了四个月。

最终，霍普成功了。公司同意资助她开发数据处理编译器，叫作 FLOW-MATIC。初步研究表明，FLOW-MATIC 和过去的"数学符号"方法可以让顾客完成同样的任务，但是前者所用的时间是后者的四分之一。由于顾客对霍普的新方法非常热心，因此老板们只能改变态度。格蕾丝的坚定是他们的幸运。

这开启了编程语言革命。从 20 世纪 50 年代中期开始，几乎每个和计算机交谈的人都在使用格蕾丝·霍普开创的模式。机器语言仍然很重要，但它们成了受过高等培训的少数专家的事情。其他人都在使用上层编程语言，其指令集更加类似于"灌水壶"，而不是"抓住水龙头，扭动水龙头"。霍普确立的这种模式对于数字科技全面进入日常生活非常重要。在我们看来，数字科技的生活化是 1945

年以来人类历史最为重要的趋势。

从格蕾丝到亚历克莎：自然语言革命

这使我们来到了1960年左右。那么，我们是如何走到今天这一步，只需向计算机大声说出请求，就能让别人把世界上的任何消费品送到自家门口的呢？

为说明这一点，让我们总结一下格蕾丝·霍普在20世纪50年代开创的自上而下、基于规则的人机语言交互模式。

- 人们用编程语言向机器发布命令，这种语言拥有非常严格的语法，只包含少数英语词汇。
- 机器在后台用预先设置的大量翻译规则将这些命令翻译成自己的语言。
- 人类的编程规则和机器的翻译规则都需要由程序员从无到有、一个一个地定义出来。

从20世纪50年代到70年代，专家们试图通过同样的自上而下策略让机器理解自然语言：（1）对人类用户加以限制，即限制他们可以使用的语法和词汇；（2）通过编程让机器了解大量翻译规则：语法、发音、词语的选择……也就是你小时候自然学会的所有规则加上小学老师西斯尔伯姆（Thistlebum）教给你的所有语法规则。

这种基于规则的理念对于编程语言非常有效。不过，它在自然语言上的表现一直不是很好。

关于它的问题，一个很好的例子是计算机语音识别。最早的语音识别系统就像玩具一样。例如，在1962年世博会上，IBM展示了一台机器，可以识别口语中的英语单词——但是只能识别16个，而且发音必须极为清晰。20世纪70年代，卡内基梅隆大学研究人员设计的哈比程序带来了虚幻的曙光。哈比可以识别1011个单词，和小婴儿差不多。它基于格蕾丝·霍普的原则：受限的人类语法和词汇，以及将语音转写为文本的极为复杂的机器规则。哈比团队的五位程序员花了整整两年时间编制了这些规则——包括声学、发音学、句子结构、单词边界等规则。在高度理想的实验室条件下，系统甚至达到了70%的单词级转写准确率。这使人工智能研究人员非常激动。哈比似乎表明，凭借更好的规则和更快的计算机，机器即将取得和人类相媲美的性能。

不过，人们所希望的语音识别的进步从未实现。在随后涉及现实条件的测试中，哈比的单词级准确率下降到了37%。五年后，美国政府削减了对于该项目的资助。今天，完全基于规则的自然语言处理系统已经非常少见了。最终，它们一直没有解决三个基本问题：规则膨胀、稳健性和歧义性。

问题一：规则膨胀

首先，你很难写出自然语言的所有规则。这些规则太多了，比

任何编程语言都要多得多。实际上，你可以在一天之内学会许多
Python 语言，尽管你可能不知道这一点。不过，你无法在一天之
内学会许多朝鲜语。

　　部分问题在于，所有规则都有例外——正如著名语言学家爱德
华·萨皮尔（Edward Sapir）所说，"所有语法都会泄漏。"例如，
在英语中，

- 所有形容词位于名词前面，但是不要向司法部长
  （attorney general）的法定继承人（heir apparent）讲述
  这件事。
- "i 在 e 前面，除了在 c 后面"，除了饮用咖啡因（caffeine）
  蛋白质（protein）奶昔的古怪（weirdly）而具有预见性的
  （prescient）科学家（scientists）。
- 肯定加肯定不等于否定？是的，完全正确。等等。

　　例外会带来麻烦，因为机器只会专横地坚持规则。解决这个问
题的唯一途径就是为每个例外写下一条规则。

　　这听上去已经足够痛苦了，但是问题还远远不止规则过多
这些。在语言的许多方面，我们根本不知道规则是什么。考虑语
言学家所说的"语音分节"问题。试着朗读下面这句话："The
weather report call for rain tomorrow."你会将它理解成一系
列单词："weather""rain""tomorrow"等。不过，这种离散

性是一种认知幻觉。只有科幻机器人……才会……在说话中……加入……停顿。你真正听到的是连续的声音流，单词之间没有明显的声学界线。弄清一个单词在哪里结束以及下一个单词在哪里开始是一个非常困难的问题。语言学家发现了我们所依赖的各种隐性听觉规则，比如"音位结构学"和"音位变异"。不过，语言学家也知道，他们并没有发现所有规则，因为他们已经发现的规则无法解释为什么我们如此擅长语音分节。

问题很明显：如果你不能发现所有规则，那么你当然不能将它们教给计算机。

问题二：稳健性

自上而下规则的第二个问题是，它们通常会在现实世界中遭遇挫折。简单地说，它们不稳健。

例如，考虑从背景噪声中分辨语音的问题，你的大脑对此很在行。你通常可以在嘈杂而喧哗的酒吧里听懂你的朋友在说什么。神经科学家并不完全理解你是怎样做的。正因为如此，背景噪声成了助听器佩戴者永恒的烦恼。

另一个无关波动的来源可能会被你无情地称为"错误"。如果你在今天说出或写出的每个句子中无视某个英文规则，会发生什么呢？你可能会看到一些怪异的目光，但是人们知道你是正常的，即使你使用了不完整的句子，即使你像尤达（Yoda）一样说话，即使你胡乱使用修饰语，不去关心你对于分词的蛮横使用会引来西斯尔伯姆老师怎样的轻蔑。人们对于语言的理解很难受到这种波动的影响。不过，你很难用自上而下规则复制这种稳健性。

另一个大问题是发音。让新罕布什尔州德里市的人说"caramel"。然后，让北爱尔兰德里市的人说出同样的词语。两个答案听上去完全不同。你不会听到同样的元音，甚至不会听到同样数量的音节。你可能会说，没关系，我们只需要为"caramel"制定两个规则。不过，这只是北爱尔兰人和扬基人。不要忘了得州人、伦敦人、加州人……你应该看到问题了。这仍然是规则膨胀。假设你努力为计算机编写了一组规则，可以稳健地将所有不同发音——"care-a-mell""crrr-mul"以及二者之间每一种不同的caramel——映射为同一个单词。恭喜你，你已经解决了"caramel"的语音识别问题。《牛津英语词典》里只有 171,475 个单词而已。接着，你可以研究俚语。然后，你可能会研究普通话。

问题三：歧义性

最后，你很难提出善于处理歧义的规则——而语言又充满了歧义性。最明显的例子涉及同音异义：weather/whether, rain/reign, I scream/ice cream, 等等。还有语言学家所说的"句法歧义"，即句子可以得到多种解读。报纸标题常常存在这个问题，但我们通常可以理解它们：

- "小提琴案件被告获刑九个月"与异常监禁形式无关（被告

需在小提琴盒中服刑九个月）。

- "带着孩子烘焙饼干"不是食谱建议（在烘焙饼干中加入孩子）。
- "英国人对福克兰含糊其辞"指的是犹豫不决的工党人，不是被遗弃的早餐（英国人把华夫饼留在福克兰）。

这里的基本问题是，在涉及语言时，你是一台极为优秀的概率推理机，经过了漫长的进化，不会被歧义蒙蔽。你几乎不会注意到短信中缺失的元音字母。你可以像热刀切黄油一样处理类比。你知道"we need to take a break"在篮球比赛和辩论中具有不同的含义（暂停和休息）。你用上下文信息解读某人的意图，即使另一个句子听上去完全相同：

"The president's new direction has split his party."
（总统的新政策导致政党分裂）
"The president's nude erection has split his party."
（总统的不雅举止导致政党分裂）

为计算机设计的任何语言都不存在这些歧义性，因为它们会为规则制定者带来麻烦。不过，你似乎可以毫无困难地处理它们。为什么？

1980—2010：统计自然语言处理的发展

哲学家喜欢分辨两种知识：方法和事实。"方法知识"意味着直观而实用的知识。例如，你知道如何下意识地走路和骑自行车。相比之下，"事实知识"意味着教科书上的知识。例如，通过阅读维基上随便某个以字母 N 开头的页面，你知道耐克是鞋类品牌，拿破仑在 1812 年入侵俄国时遭遇寒流。

对人类来说，口头语言似乎是"方法知识"的终极案例。说话似乎毫不费力，这是一个认知奇迹——我们甚至无须思考就能做到清晰表达，理解其他人嘴里发出的带有歧义的声波。为此，你会自动根据所有辅助信息进行推测。这些信息包括你对世界的体验，你对其他人可能想法的暗中理解，以及许多微妙的听觉线索。

我们已经看到，自然语言处理专家花费了很多时间为计算机提供许多明确的规则，以便使它们理解自然语言。这些规则用于模仿孩子在学习语言时自然掌握的方法。不过，即使是最好的基于规则的策略也会犯下可怕的错误。它们无法达到正常五岁儿童的语言能力，更不要说成人了。

经过 30 年的尝试，自然语言处理专家意识到，他们必须采用新的策略。这个策略应该做到灵活，而不是严格。它应该是概率性的，而不是确定性的。应该自下而上，基于现实数据，而不是自上而下，基于大量规则。最重要的是，它需要处理人们真正的表达方式，而不是语法学家认为的正确表达方式。

所以，在 20 世纪 80 年代，研究人员尝试了不同的方法。他们背起双手，扔掉规则，说：让我们只用数据吧。他们发明的新算法基于完全不同的假设：人类的语言知识也许很难反向设计，但是这种知识具有明确的统计阴影，我们的说话和写作方式是可以辨别的。例如，如果"weather report"比"whether report"更合理，那么在大量真实语句中，前者的例子应该比后者多得多。当然，这就是我们看到的情况。我们使用了在线工具谷歌 Ngram Viewer[①]，它可以在所有已出版的英文图书中跟踪任意单词和短语的流行度。我们了解到，从 1950 年到 2000 年，在已出版图书的每十亿个双单词短语中，大约有 150 个是"weather report"（0.000 015 579 7%）。这个数字是"whether report"（0.000 000 065 2%）的大约 250 倍，后者主要被用作糟糕的双关语或语音歧义的例子。

从 20 世纪 80 年代起，自然语言处理的研究人员开始认识到这种纯统计信息的价值。之前，他们通过手工制定的规则规定如何完成指定的语言任务。现在，这些专家开始训练统计模型，以预测一个人如何以某种方式完成某项任务。整个自然语言处理领域将关注点从理解转向了模仿——从方法知识转向了事实知识。

---

① https://books.google.com/ngrams。"n 克"（n-gram）是一个语言学专业术语，表示含有 n 个单词或符号的短语。例如，"weather report"为 2 克，因为它含有两个单词。

这些新模型需要大量数据。你需要将你能找到的人类使用语言的所有案例传输到机器中，然后通过程序命令机器用概率规则寻找这些案例中的模式。语言成了基于输入／输出对的规则预测问题，类似于亨丽埃塔·莱维特解决的问题，或者日本农民通过深度学习为黄瓜分类的问题：

- 对于语音识别，你需要将语音记录（输入＝"ahstinbrek-fustahkoz"）与正确的转写（输出＝"Austin breakfast ta-cos"）相匹配。
- 对于英俄翻译，你需要将英语单词或句子（"reset"）与正确的俄语翻译（"perezagruzka"）相匹配。
- 对于情感预测，你需要将句子（"今天上午在车管局排队太难受呢"）与人脸注释（哭脸符号）相匹配。等等。

在每种情形中，机器必须通过数据学习对输入和输出进行正确映射的预测规则。

20世纪80年代，基于这种规则的语音识别软件开始在市场上出现。这些系统可以识别几千个单词，前提是你必须像……机器人……一样……说话。20世纪90年代和21世纪初，出现了更多模型，它们的性能越来越好，允许你以自然节奏说话。不过，这里的巨大瓶颈是数据的可用性。你可能还记得第二章描述的"过度拟合"问题，即复杂的模型只能记住小型数据集合中的随机噪声，无法学到数据背后的模式。这里也是一样的问题。自然语言处理的研究人员缺乏足够的数据，无法建立足够复杂、能够描述人类语言而又不至于过度拟合少量数据的模型。因此，在 21 世纪前 10 年，语音识别再次陷入了停滞，其单词级准确率约为 75%～80%。在将近十年时间里，进步缓慢得令人沮丧——这不仅包括语音识别，也包括自然语言处理的其他任务，比如机器翻译和情感分析，它们都受到了数据不足的限制。

2010 年之后：自然语言革命

2010 年左右，一切开始发生变化——最初很缓慢，随后开始提速。驱动这场变化的是数据的大规模注入。

豪尔赫·路易斯·博尔赫斯（Jorge Luis Borges）曾经写过一个故事，叫作"巴别图书馆"。这个图书馆里的书包含了所有可能的散文作品，即字母和基本标点符号所有可能的排列。这个图书馆里的大部分书籍毫无意义，就像猴子用打字机敲打出来的一样。不过，你可以在一些书中找到所有可能的句子——人类写过或可能写出的所有爱情故事、冒险故事和天才著作。

现实生活中的巴别图书馆叫作互联网。虽然我们还没有达到博尔赫斯描述的程度，但是我们正在接近。想一想世界各大科技公司服务器上大量口头和书面的英语语句。想一想收藏现存所有图书、杂志、报纸、期刊、歌曲、电影和剧本的图书馆。现在，将思路扩大。每一个网页，每一封历史邮件，每一次谷歌搜索或产品评论，每一个发过的短信，Slack 或 Skype 上的每一次聊天，脸书或推特上的每一篇帖子，YouTube 或 Instagram 上的每一个评论。按容量计算，这些句子会使国会图书馆看上去像三流流动图书馆一样。2010 年左右，人工智能领域最聪明的人终于开发出了充分使用所有这些数据的合适工具。

其中一些数据直接落到了大型科技公司手中。不过，这些公司也在到处搜寻，以获取更多数据。一个例子是 2007 年首次亮相的谷歌 411。你可能记得，人们曾经通过拨打 411 寻找当地企业的电话号码，每次查询的费用为一美元左右。谷歌 411 可以免费实现同样的功能，只需拨打 1-800-GOOG-411。在智能手机普及之前，这是一项很有用的服务——而且为谷歌建立了巨大的语音查询数据库，为语音识别统计模型的训练提供了帮助。这个系统在 2010 年悄然下线，可能是因为谷歌已经拥有了它所需的所有数据。

当然，2007 年以来，人们编写了许多格蕾丝·霍普式的代码，以便将所有这些数据转化成良好的预测规则。那么，十多年以后，结果如何？让我们做一个简单的实验。在手机上打开空白邮件，试着说出一个测试语句："The weather report calls for rain, whether or not the reigning queen has an umbrella." 如果你的母语是英语，你的手机使用的又是苹果或安卓系统，那么它几乎一定会写出正确的句子，不会混淆 weather/whether 和 rain/

reign。

　　对于数据带来的进步，这只是一个很小的例子。软件知道"whether"和"reign"出现在一些上下文中的概率比较大，而"weather"和"rain"出现在另一些上下文中的概率比较大。这不是因为你的手机通过某种方式理解了单词的意义。这里面不涉及意义，只有大量取决于上下文的概率[①]，涵盖了互联网上出现过的几乎所有英语单词和短语。当声音数据存在歧义时，手机会用这些概率解决问题。虽然这个软件在 2018 年仍然存在一些问题，但是它一直在进步。

　　其他自然语言处理系统也在迅速进步，原因是相同的。以机器翻译为例。多年来，一些互联网表情包制作人专门收集谷歌翻译的错误，你可以在网上找到几百个这样的错误。例如，某个聪明的家伙在 2011 年发现，在将英语翻译成越南语时，"贾斯汀·比伯（Justin Bieber）会达到青春期吗"会变成"贾斯汀·比伯永远不会达到青春期"。这种句法错误是旧式机器翻译算法的一个经典失败模式。它们会把大部分词语翻译正确，但是它们常常弄乱目标语言的词语顺序，得到错误或无意义的结果。

　　随着可用训练数据的增加，随着语言统计模型的改进，这些严重的句法错误大为减少。此外，所有这些数据大大降低了明确翻译规则的重要性。例如，没有人会明确告诉谷歌翻译，英语使用

---

① 　这里的"上下文"仅仅表示"句子中的其他词语"。

"主语—动词—宾语"顺序，比如"程序员喜爱咖啡"，而日语使用"主语—宾语—动词"顺序，比如"程序员咖啡喜爱"。根据同时用英语和日语提交的数百万语句的训练数据，算法可以自动学习句法。

今天，大量成功的自然语言处理系统是哲学家所说的第二种知识的终极案例。它们拥有事实知识，而不是方法知识。对软件来说，一切仅仅是事实而已。不过，这些事实通常已经足够了，因为数据集本身非常庞大，而算法又非常复杂。

词语如何变成数字

现在，让我们转到算法问题上。假设你有一个巨大的语句数据库——这个巴别图书馆包含从英语到汉语到波斯语的一百多种语言。如何为语言任务建立人工智能系统并使之工作？

你可能会想到，我们在此无法详述许多细节，因为它们太复杂了。正是因为存在这些细节，所以像谷歌这样的公司才会拥有七万名员工、一大群博士以及比你见过的计算机还要多的计算机。不过，我们现在可以简单解释一个非常重要的概念，叫作"词语向量"。具体地说，我们要解释谷歌著名的"词语转向量"模型，它可以为英语中的每个单词进行数字（"向量"）描述。如果你理解了这个模型，你就理解了过去十年最重要的人工智能概念之一。即使是没有直接使用这个算法的系统也在使用同样的基本策略。

　　词语转向量模型回答了一个简单的问题：如何将词语转化成数字，使含义类似的词语拥有类似的数字？这听上去可能很古怪，甚至无法做到。像"烤箱""勇气"等单词和"多伦多枫叶"等短语的含义怎么能用数字来描述呢？不过，我们保证，这件事并不像听上去那么困难。实际上，孩子们一直在做同样的事情。

20 问的数学

　　《圣诞颂歌》有一个场景发生在埃比尼泽·斯克鲁奇（Ebenezer Scrooge）的侄子弗雷德（Fred）的起居室里。弗雷德邀请富有而吝啬的叔叔参加圣诞宴会，却被告知"每个到处去说'圣诞快乐'的傻瓜都应该被扔到自己的布丁里去煮，他应该被冬青树桩穿过心脏，然后被埋葬。"与此同时，精灵们来找斯克鲁奇，指出他的吝啬是错误的。第三个精灵"现在之灵"在圣诞节那天带着斯克鲁奇来到了弗雷德家。他们隐身观看弗雷德和家人玩一种是非游戏。斯克鲁奇的侄子弗雷德需要想到一件事情，屋子里的其他人只能通过是非问题把它找出来：

　　　　根据他所听到的一连串简短问答，［弗雷德］想到的是动物，是活着的动物，是很讨厌的动物，是野蛮的动物，有时会发出咆哮和咕噜声，有时会说话，住在伦敦，会逛街，没有被展出，没有被人带领，不住在动物园……

它到底是什么？孩子们已经笑得前仰后合了。他们又猜了几次，得知弗雷德想到的不是熊，不是马，不是虎，不是驴。接着，弗雷德的一个亲戚终于猜到了答案："我知道了，弗雷德！我知道它是什么了！是你的叔叔斯克鲁——奇！"

美国的孩子称这个游戏为 20 问。这是一个极具数学色彩的游戏，尽管你可能不这样认为。实际上，20 问说明了如何像人工智能系统那样将词语转化成数字。弗雷德在起居室的游戏中想到的词语是"斯克鲁奇"，让我们以它为例。它的数字表示形式看上去是这样的：

	动物	可爱	咆哮咕噜	说话	住在伦敦	熊
斯克鲁奇	1	0	1	1	1	0

这就是"词语向量"①。特别地，它是"二进制"即 0/1 向量，1 表示是，0 表示否。对于同样的问题，"小蒂姆"和"帕丁顿熊"等不同的单词和短语会得到不同的答案，因此它们会有不同的词语向量。如果将所有向量排成矩阵，每一行表示一个词语，每一列表示一个问题，我们会得到类似下面的表格：

---

① 在数学上，向量指的是一组与同一事物相联系的数字。

	动物	可爱	咆哮咕噜	说话	住在伦敦	熊
斯克鲁奇	1	0	1	1	1	0
拉斐尔·纳达尔	1	1	1	1	0	0
小蒂姆	1	1	0	1	1	0
帕丁顿熊	1	1	0	1	1	1
特拉法加尔广场圣诞树	0	1	0	0	1	0

人工智能怎样玩 20 问

所以，通过 20 问将词语转化成数字是很容易的。现在，让我们对规则做三处改动——以便使它更加接近人工智能必须使用的游戏，同时使我们得到的词语向量拥有尽可能丰富的意义。

第一处规则改动：结果不是简单的输赢。相反，你会得到"语义接近性"分数，即你与词语内在含义的接近程度。我们不要去追究"接近"的具体含义。在人工智能领域，有一个详细的数学答案，你只需要把你知道的最具公平思想的人想象成裁判。例如，假设答案是"熊"：

- 如果你的最终答案是熊，你会得到 100 分。

- 如果你猜的是狗或狼獾，你可能会得到 90 分。从生物演化史来看，你很接近。

- 如果你猜的是蚊子，你可能会得到 50 分。至少，你猜的是另一种动物。

- 如果你猜的是止咳糖浆，你会得到 2 分。你差得很远，但咳嗽可能会以某种微妙的方式使你想起咆哮的熊。

这种记分方式与现实中大多数自然语言处理系统的设计要求类似。例如，如果你将约翰·菲茨杰拉德·肯尼迪所说的"Ich bin ein Berliner"翻译成"我是德国人"，你就错了，但这比"我是可颂甜甜圈"更加接近正确答案。

第二处规则改动是，每个答案不是简单的是或否，而是 0（完全不是）和 1（完全是）之间的数字。以"它是熊吗"为例。

- 对于真正的活熊，你的回答是 1。
- 对于帕丁顿熊这种会说话的熊，你可能会回答 0.9。它虽然也是熊，但不是实际存在的熊。
- 对于斯克鲁奇，你可能会回答 0.65。他并不是熊，但他拥有类似于熊的强烈倾向。（在《圣诞颂歌》中，弗雷德的家人甚至抱怨说，"'它是熊吗'的回答应该是'是'，因为否定的回答足以使他们排除斯克鲁奇先生。"）
- 对于拉斐尔·纳达尔，你可能会回答 0.2。他在电视上看起来很可爱，一点也不像熊，但他是活的，而且经常发出咕噜声。

根据这种规则变化，我们有了由连续数值组成的词语向量——每个问题的答案是 0 到 1，而不是 0 或 1。答案是灰色的，而不是非黑即白的。

　　下面是最大的规则改动：你必须在每次游戏中提出相同的问题。这一定会使你的下一次维多利亚式客厅游戏变得索然无味，因为它将每一次 20 问游戏变成了人口普查游戏，就像填写枯燥而重复的调查表格一样。不过，请把疑虑放在一边。试着提出将"斯克鲁奇""螺丝刀""烧烤""篮球""红细胞""认识论"等所有词语相区别的足够宽广丰富的问题。

　　不容易，对吧？不过，这就是人工智能自然语言模型的工作方式。警告：我们需要的问题远远不止 20 个，因为我们不能根据前面的回答调整后面的问题。所以，在人工智能领域，我们玩的是 300 问游戏。

　　我们不会直接介绍应该提出哪些问题。相反，让我们说说过程。你的第一想法可能是采用委员会形式：将一些聪明人聚集在一个房间里，告诉他们，只有提出 300 个能够为所有英文单词和短语提供独特编码的问题，他们才能离开。这可能是类似于生态馆的社会学趣味实验。不过，如果你认为这种方法可能有效，那么你对委员会的信心可比我们大多了。至少，这需要很长很长时间。在用手机订比萨饼时，我们可不希望征求某个委员会的意见。

　　于是，我们只剩下了一个制定问题的良好途径：让算法选择。

算法能提出怎样的问题呢？关于意义的问题是不行的，因为机器不理解意义。不过，它们理解词语协同位置统计学——即在人类写出的真实语句中，哪些词语倾向于和哪些词语共同出现。这些统计数字是极好的意义替代品。下面是这种问题的一个例子："提取含有'炸薯条''番茄酱'或'面包'的所有句子。该词语是否同样频繁地出现在这些句子中？"当然，这是神经网络在新一集《老友记》中可能让罗斯提出的那种问题。重要的是，它也是机器可以提出和回答的问题，因为它不需要理解，只需要统计。

当然，如果你只能提出 300 个问题，那么上面这个问题就太狭隘了。不过，基本假设——提出关于词语协同位置统计学的问题——是合理的。我们在此忽略了许多细节，但这就是词语转向量模型的基本原理。通过试错，它可以学习 300 组良好的探测词（类似于上面例子中的"面包"和"番茄酱"）。接着，它不断重复 300 问游戏，根据英语中每个单词或短语与探测词的协同位置统计数据得到它的词语向量。

得到的词语向量可以排成矩阵，一行一个词语，就像几页前的"斯克鲁奇"和"小蒂姆"一样。这是一个巨大的矩阵，拥有 300 列和几百万行。在下一页，我们给出了一个 4 列和 40 行的子集，以便让你感受一下算法学会提出的问题。

算法如何玩 20 问游戏			
	问题一： "计算机"	问题二： "大学"	问题三： "烹饪"	问题四： "法律"
英伟达	1	0.045	0.156	0.083
服务器	0.999	0.944	0.214	0.184
用户名	0.999	0.468	0.842	0.963
以太网	0.999	0.587	0.617	0.072
界面	0.999	0.355	0.831	0.032
路由器	0.998	0.697	0.986	0.911
显示器	0.998	0.693	0.111	0.174
端口	0.997	0.646	0.583	0.184
像素	0.997	0.253	0.017	0.21
防火墙	0.995	0.729	0.957	0.636
大学生	0.089	0.999	0.107	0.627
教员	0.365	0.999	0.114	0.944
奖学金	0.063	0.999	0.291	0.398
申请者	0.153	0.999	0.22	0.77
学院	0.206	0.997	0.132	0.514
研究员职位	0.216	0.997	0.035	0.688
委员会	0.32	0.996	0.912	0.824
系	0.42	0.994	0.502	0.77
住宅	0.145	0.993	0.569	0.801
出版物	0.173	0.993	0.524	0.938
烘焙	0.778	0	1	0.767
熏	0.596	0.012	1	0.799
啤酒	0.815	0.043	1	0.613
烧烤	0.182	0.077	1	0.039
玉米	0.827	0.044	1	0.122
牛肉	0.471	0.015	0.999	0.699
辣椒	0.403	0.002	0.999	0.425
胡椒	0.398	0	0.999	0.572
烤	0.531	0.001	0.999	0.46
味道	0.281	0.026	0.997	0.248
保释	0.221	0.63	0.923	1
监禁	0.509	0.536	0.943	1
逮捕	0.149	0.444	0.839	1
控告	0.002	0.157	0.57	1
处罚	0.44	0.105	0.413	0.999
拥有	0.123	0.304	0.73	0.999
非法	0.045	0.406	0.478	0.999
定罪	0.015	0.121	0.928	0.999
诉讼	0.175	0.147	0.735	0.999
县治安官	0.275	0.305	0.882	0.999

例如，在第一列，我们看到"路由器""像素""防火墙"等词语，它们对于问题一的答案非常接近1。显然，算法学会了提出"这个词语是否倾向于出现在拥有计算机词语的句子中"这样的问题。[①]（别忘了，根据我们修改后的规则，1表示"完全是"，0表示"完全不是"。）类似地，在第三列，我们看到"烘焙""熏""牛肉""烤"等词语，它们的答案都很接近1。算法一定学会了提出关于用火烹饪的问题。它还学会了提出关于大学和犯罪法律的问题——在表格没有显示的其他列中，它还学会了提出关于动物、政治、体育、健康以及其他数百个主题的问题。

应用词语向量

这种策略带来了极为微妙的语言画面。人工智能研究人员甚至喜欢用一个小把戏炫耀词语向量的丰富性：仅仅通过加减法回答SAT式类比问题。例如，考虑类比"男人之于国王，正如女人之于——？"如何将这个类比表述为适合用词语向量算术描述的数学问题？

下面是答案。提取"国王"一词的向量，然后减去"男人"一词的向量。（我们可以像加减数字一样加减向量，因为向量是由数字组成的。）直观来看，通过从"国王"中减掉"男人"，我们剥夺了

---

① 当然，算法不知道这个问题"与计算机有关"。它只知道这个问题与涉及其他词语的协同位置统计量有关，而我们作为人类可以将这些词语解释成与计算机有关。

"国王"一词的男性成分，得到了一个可能表示中性王室概念的新向量。现在，用这个新向量加上"女人"一词的向量，从而在数学上重新引入性别成分——这次是女性成分。换句话说，就是取出"国王"一词，将其变成女性。用算术来表述，就是"国王 – 男人 + 女人"。词语转向量模型的答案正是如此：如果你真的进行这种算术，你就会得到"女王"的词语向量。

其他类比也是一样的道理，也是使用加减法。

- 各国首都：伦敦 – 英国 + 意大利。词语转向量模型的答案："罗马"。
- 词语时态：captured – capture + go。词语转向量模型的答案："went"。
- 哪个冰球球队在哪个城市比赛：加拿大人 – 蒙特利尔 + 多伦多。词语转向量模型的答案："枫叶"。

实际上，词语转向量模型已经学会了只用 SAT 数学考试技能参加 SAT 词语考试。它的基本模型完全不了解君主制、性别、地理、语法、曲棍球或者关于现实世界的任何事情。它只知道通过训练数据获取的词语使用统计性质，以及概率规则。

这可能是一个小把戏，或者只是程序员的高级消遣，但它也突显了一个重要事实：当你将词语转化成向量时，你可以用数学方法处理它们。这对于打造人工智能语言系统非常重要。计算机不理解词语，但它们理解数学。

以语音识别软件为例，比如支持亚历克莎或谷歌语音的那种软件。词语向量在这里的帮助很大，因为它们可以将语句的上下文编码为计算机能够处理的数学语言。例如，它们可以为"rows"和"rose"等同音异义词语提供重要的区分信息。虽然这些词语听上去是相同的，但它们拥有不同的词语向量——即在人工智能版大型20问游戏中拥有不同的答案——在任何特定语句中，其中一个向量通常更适合周围词语的向量。当然，"更适合"的含义非常复杂，这里就不详加论述了。它涉及向量算术的复杂计算，可以在语音信息存在歧义时提供解决问题的概率，比如：

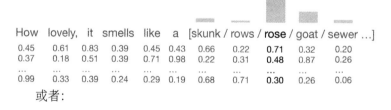

How   lovely,   it   smells   like   a   [skunk / rows / **rose** / goat / sewer ...]
0.45   0.61   0.83   0.39   0.45   0.43   0.66   0.22   **0.71**   0.32   0.20
0.37   0.18   0.51   0.39   0.71   0.98   0.22   0.31   **0.48**   0.87   0.26
...   .
0.99   0.33   0.39   0.24   0.29   0.19   0.68   0.71   **0.30**   0.26   0.06

或者：

On   the   third   day,   he   [rows / **rose** / telephoned...] from   the   dead.
0.46   0.40   0.47   0.59   0.35   0.22   **0.71**   0.26   0.24   0.40   0.16
0.62   0.68   0.93   0.77   0.41   0.31   **0.48**   0.62   0.34   0.68   0.66
...   .
0.27   0.63   0.85   0.43   0.94   0.71   **0.30**   0.30   0.28   0.63   0.10

或者：

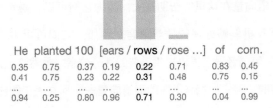

He	planted	100	[ears /	**rows** /	rose ...]	of	corn.
0.35	0.75	0.37	0.19	**0.22**	0.71	0.83	0.45
0.41	0.75	0.23	0.22	**0.31**	0.48	0.75	0.15
...	...	...	...	...	...	...	...
0.94	0.25	0.80	0.96	**0.71**	0.30	0.04	0.99

词语向量从数学上清晰描述了在人类倾听者看来非常简单的事情：有时一个词语更适合上下文，有时另一个词语更适合上下文。通过一些适用于特定任务的重要修改，同样的基本数学模型可以驱动机器翻译、聊天机器人、语音搜索系统……甚至是可以撰写棒球报道的神经网络。

人机交谈

我们希望你已经理解了使我们走到今天的一些重要思想。现在，机器使用语言的能力显然已经超出了临界点。这种改善是由高速计算机和巧妙的算法驱动的，比如神经网络和词语转向量模型。更重要的是，它也是由数据——我们的数据——驱动的。会讲话的机器不会使我们获得某种新的语言天赋。它们只是反映了我们自己的语言。

未来将会如何？我们当然不知道，但我们知道一些可能的趋势。

首先，语言模型将会得到个性化。你周围的机器将会适应你的表达方式，就像它们适应你的观影偏好一样。因此，它们可以更好地理解你。例如，考虑苹果手机的历史轨迹。要想使用苹果6，你需要让它知道你的指纹。要想使用苹果X，你需要让它了解你的脸。不难想象，对于未来的苹果手机，你首先需要讲一段睡前故事，让它知道你的声音。

其次，要想通过这些新的自然语言处理工具获益，同时不让它们用于毁灭性目的，我们必须制定良好的政策和深思熟虑的法规。能够编写《老友记》剧本的算法看上去很可爱，但是没有什么用处。当某人在选举期间用同样的算法在网上散布假新闻时，这个算法看上去就更加危险了。虽然我们本质上是乐观派，但我们不是政策专家，不知道这种问题的正确答案。不过，我们知道，这些问题本身需要得到讨论。从火焰到基因剪接，在每一项新技术的历史发展中，总会有那么一个时刻，"快速前进和披荆斩棘"对于成年人来说不再是一个合乎道德的观点。对于计算机和语言，这个时刻已经到来。

不过，即使我们意识到潜在缺陷，我们也不要忘记优点。如果你认为我们今天已经有了更聪明的自然语言处理算法和很大的数据集，那么你还没有看到全部。想一想，数亿人正在通过语音在手机上编辑电子邮件，或者使用谷歌翻译，或者与脸书和微信上的机器人交谈。每一次交流都会导致更丰富的模型和更好的性能，因为这些机器只是在利用我们留在身后的数据轨迹。随着它们的改进——

它们还有许多改进空间——这些机器应该会成为各行各业和日常生活中的常用工具。

如果愿意，你可以称我们为盲目的技术乐观派，但我们认为这很神奇。我们不愿意让任何人进行重复劳动——至少在发达国家，许多重复劳动具有机械性质，会使我们久坐并患病。为什么医生需要每天花费几个小时输入数据？为什么盲人需要被迫使用布莱叶键盘？为什么律师需要每人花费数百个小时查找数百万页文件？为什么上班族必须花费几十年的生命输入电子邮件？为什么欧盟每年需要花费几亿欧元将一切文本翻译成 23 种官方语言？为什么你必须愚蠢地用手指向手机发布命令？你见过航空公司登机台使用的计算机吗？

我们不想让别人亲自吸走地板上的灰尘，或者为你的收件箱过滤垃圾邮件。我们可以用吸尘器和算法完成这些任务。那么，输入又有什么区别呢？

尾　声

格蕾丝·霍普可能是第一个用英语和计算机交谈的人，但她当然没有就此止步。

在完成对于尤尼瓦克的开创性工作后，霍普在私营企业和海军预备队度过了漫长的时光，并在 1966 年以 60 岁高龄退休。接着，在 1967 年，她意外地被现役海军征召，又工作了 19 年——这远远超出了强制退休年龄，但她得到了国会特别批准。她协助督促国防部更新了计算设施，最终成了海军历史上获得将官级军衔的首批女性之一。在 1983 年晋升为海军准将后，她在与总统罗纳德·里根握手时说，"我比你老。"最终，在 1986 年，79 岁的她永久性退休。

霍普死于 1992 年，但她的遗产仍然存在。多年来，有许多事物以她的名字命名，包括海军军舰、克雷超级计算机以及耶鲁大学格蕾丝·霍普学院。2013 年 12 月，霍普得到了谷歌涂鸦的纪念，并于 2016 年 11 月被追授总统自由勋章。她身为将军的曾祖父一定会感到自豪。格蕾丝·霍普通过语言拉近了人类和机器的距离，对于现代世界的形成起到了重要作用。

第五章　皇家铸币局的天才

Chapter 5　THE GENIUS AT THE ROYAL MINT

实时监测，从体育到治安到金融欺诈：在大量数据中寻找异常时，艾萨克·牛顿最糟糕的数学错误为你带来的教训。

如果你是美国国家橄榄球联盟的球迷，并且不住在从康涅狄格中部到缅因的狭长地带，那么你可能会用愤怒和怀疑的目光看待新英格兰爱国者队——这是过去 15 年最成功的橄榄球队。首先，球队胜场很多，这足以激怒联盟其他 31 支球队的球迷。然后是爱国者队面色阴沉的主教练比尔·贝利奇克（Bill Belichick），他的连帽衫和怒容使他与《星球大战》中的邪恶皇帝非常相似。即使你不是橄榄球迷，你可能也是公平竞赛的支持者——在这种情况下，爱国者队高度公开的作弊手段仍然可能惹恼你，比如侦察其他球队的训练，或者（据说）为橄榄球放气，以便在寒冷天气中获得优势。

　　不过，爱国者队有可能在赛前的硬币投掷中作弊吗？信不信由你，许多人是这样想的：在联盟 2014 到 2015 赛季的连续 25 场比赛中，爱国者队在 25 次抛硬币中赢了 19 次，其 76% 的获胜率高得令人生疑。正如一位电视评论员在注意到这个最新"丑闻"时所说："这只能证明，上帝和魔鬼之中一定有一个是爱国者队的球迷，而这个球迷一定不是上帝。"

在用宗教或神力解释这种异常之前，让我们首先考虑简单的解释，即单纯的运气。每次抛硬币时，你都有 50% 的机会获胜。不过，你还要考虑到波动因素。如果你不断抛硬币，那么你很容易获得良好的手气，即仅凭运气得到多于一半的获胜次数。爱国者队是否只是在 25 场比赛中运气比较好呢？

这里的推理需要考虑到一个事实：如果爱国者队在 2007 年首次曝出作弊丑闻之后的某个时候在连续 25 场比赛中获得可疑的运气，人们就会注意到这件事。所以，我们不能仅仅挑出这 25 场比赛，单独考虑它有多么不同寻常。正确的问题是：爱国者队在过去 11 个赛季的任何连续 25 场比赛中至少 19 次抛硬币获胜的概率是多少？

为回答这个问题，我们用计算机模拟硬币投掷——我们模拟了超过 1700 万次。具体地说，我们写了一个程序，以模拟爱国者队在 2007 到 2017 赛季所有 176 场常规赛中公平的硬币投掷。[①] 我们将这种模拟重复了 10 万次，每次检查爱国者队是否在连续 25 场比赛中至少 19 次抛硬币获胜。你可以在图 5.1 中看到这 10 万次模拟中的 9 个例子。大多数时候，爱国者队在 25 场比赛中有 12 到 13 次抛硬币获胜，这也是你的预期。不过，这里面存在很大的波动性。

---

① 我们还模拟了 2007 赛季第一场比赛之前的 24 场比赛，使 176 场比赛初期的 25 场比赛获胜概率得到良好的定义。这意味着 2007 年首场比赛的连续 25 场比赛获胜概率可以追溯到 2005 年中。

有时，爱国者队会连续获得好运——比如在第三次、第六次和第九次模拟中，他们在连续 25 场比赛中至少 19 次抛硬币获胜。在第三次模拟中，他们甚至赢了 22 次。

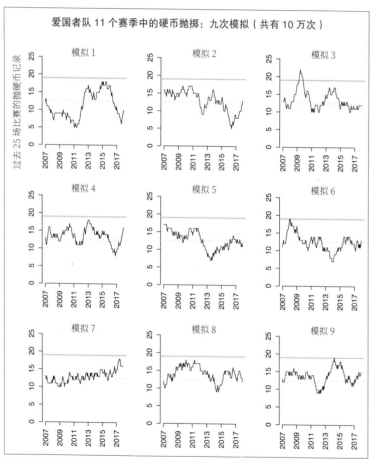

图 5.1 每张图展示了爱国者队在 2007—2017 年这 11 个模拟赛季中连续 25 场比赛的抛硬币记录。纵轴显示了连续 25 次抛硬币的获胜次数。灰色横线表示 19 胜，虚线是 12.5 胜的长期平均期望。

总体而言，爱国者队在 10 万次模拟中达到 19 胜阈值的比例为 23%，这个数字并没有小到可以将运气因素忽略不计的程度。[①] 所以，虽然我们无法对侦察摄像机和放气的橄榄球做出评论，但是没有证据表明爱国者队在硬币抛掷中作弊。在 2014—2015 年的连续 25 场比赛中，他们只是运气比较好而已。

波动的重要性

新英格兰爱国者队的抛硬币记录说明了一个重要原则。要想确定某件事情是否异常，你必须知道两件事：(1) 平均期望是什么，(2) 围绕平均值的正常波动界限。如果你不理解波动性——比如爱国者队 25 场比赛抛硬币获胜概率围绕长期均值 50% 的波动——那么你永远无法区分真正的异常和无辜的随机波动。

这引出了我们的主题，即用于探测异常的实时监测。[②] 在人工智能领域，这意味着扫描数据流，发现与典型模式不匹配的数据点。这可以节省时间和金钱，引发关于数据的新思想：

- 银行用软件寻找异常支出模式，以检测你的信用卡是否被盗。
- 大公司监测网络中的异常数据流，以寻找网络安全漏洞。
- "智能城市"的数据分析师寻找犯罪活动在指定区域的异常

---

① 如果你上过统计课，你可能会发现，这个数字是无作弊零假设下的 p 值（$p=0.23$）。
② 你可能遇到过的异常的两个同义词是"噪声中的信号"和"零假设违背"。

集中，以改进警务策略。

- 调查人员在医疗索赔数据中寻找异常，以检测医保欺诈。
- 球队监测来自球员可穿戴设备的数据，以寻找可能导致受伤的异常。

在人工智能的所有这些应用以及其他数千种应用中，探测异常不仅意味着理解什么是正常，而且意味着理解数据的波动性。

历史上最古老的异常探测系统：
关于禁忌的教训

为说明这个原则对于人工智能的重要性，我们首先讲一个反面案例。在这个案例中，犯错误的不是普通人，而是历史上最伟大的天才之一。具体地说，我们要带你回到1696年的英国。当时，历史上运行时间最长的异常检测系统正在全力运转之中。这个系统叫作"皮克斯检验"，用于避免皇家铸币厂的欺诈行为。皇家铸币厂负责为英国制造货币。这个系统的有趣之处在于，它失败了：它在连续几个世纪中漏掉了两个方向的异常，在导致广泛愤怒和痛苦的经济危机中扮演了重要而被人低估的角色。

1696年，位于事件中心的人物正是艾萨克·牛顿。

是的，就是那个艾萨克·牛顿。他发明了微积分，解释了万有引力。亚历山大·蒲柏（Alexander Pope）为他写出了不朽的名句："自然和自然的法则隐藏在黑夜中；神说'要有牛顿'，便有了光。" 1696 年，54 岁的牛顿是科学界的明星，在剑桥享有终身教授职位。他不需要教学，可以根据意愿研究任何事物——物理学、炼金术、抛苹果等。但在 1696 年，他放弃了教授生活，搬到伦敦，接受了他在政府里很有影响力的朋友、皇家铸币厂督察提供的闲职。

总体而言，牛顿在新岗位上表现得很好——但在一个重要节点上，他犯了一个严重的错误，误解了在近五年时间里一直摆在他面前的一个重要统计原则。今天，在硅谷，在智能城市，在每支球队的分析师办公室，在每家银行的预防欺诈办公室，由人工智能驱动的每一个实时监测系统都在使用这项原则。所以，要想理解这些事情，你需要理解牛顿皇家铸币厂事件的三个主要线索。

1. 17 世纪末的英国经济危机，铸币厂在其中扮演了微妙而重要的角色。
2. 1696 年的货币重铸运动，这是英国货币政策中的激进措施，用于遏制危机。牛顿需要挽救这场运动，以免造成灾难。
3. 统计波动性对于异常检测的重要性——这是牛顿犯下的最严重的数学错误。

艾萨克·牛顿的第二事业

1696 年，牛顿在货币危机全面恶化时来到皇家铸币厂，这场危机可能使英国经济陷入崩溃。要想理解牛顿在铸币厂的经历，你需要理解这场危机的根源。

问题是这样的：到 1696 年，英国货币在流通中消失的现象已经至少持续了 30 年。当时，英国采用银本位制，硬币的重量和含银量决定了它们的价值。不过，由于 9 年战争，欧洲大陆对于白银的需求猛增，英国硬币在欧洲作为贵金属的价值超过了在英国作为货币的价值。作为回应，英国人做了你能想到的事情，他们把硬币带到法国或荷兰，将其熔化，将原银换成黄金，然后回到英国，将黄金卖掉，得到更多银币——转眼之间，他们的财富就增加了一点。由于银币逐渐向海峡对岸流失，英国的货币渐渐不够用了。

白银的消失还有另一个原因：硬币剪裁。这是整个 17 世纪英国货币供应的灾难，它大大加强了第一个原因的效果。要想剪裁硬币，你需要找到银币边缘有些突出的部分。接着，你只需要将其剪下来，并将切口磨平。你无法从一枚硬币上得到太多收获，但是如果你剪裁的硬币足够多，你就能积累起很大一堆白银。从伊丽莎白一世统治时起，剪裁者就会被处以绞刑。不过，这似乎并没有阻止剪裁者的行为。在 1690 年的国会调查中，三个金匠每人收集了 100 磅流通硬币，这些硬币的总重量应该是 1200 金衡盎司，但它们的实际重量是 624 盎司。因此，硬币剪裁总体上非常明显。不过，由于无法当场抓住剪裁者，这种罪行几乎无法得到证明。

硬币剪裁者喜爱波动性

1662 年以前，所有英国硬币都是手工制造的——即由银匠在铁砧上将一团熔化的银敲成圆片。这使硬币剪裁变得非常简单。手工制造的硬币有一个重要特点，那就是它们的形状和重量存在波动性。这种波动性对于成功的硬币剪裁非常重要。形状的波动性确保了硬币最初具有可以剪裁的小突起。重量的波动性确保了剪裁者总会找到重一些的硬币——剪裁过后，他可以若无其事地将其花掉，就像它一开始就是轻一些的硬币一样。

1662 年，国会终于注意到了剪裁问题，开始为铸币厂提供机器铸造所需要的资金。他们的目标很简单：消除硬币形状和重量的波动性，使剪裁者无从下手。

新的机器铸造程序值得详细描述，以便你了解牛顿后来继承的是怎样的工序。首先用大锅将白银熔化至 1000℃，然后倒入铸块模具中。当这些铸块冷却时，它们被巨大的滚轧装置压成薄片。滚轧装置由四匹马驱动。另一台像饼干切模一样的机器从银片上切下一些圆片。这些圆片被送入螺旋压力机，以制作硬币坯。第四台非常危险的机器在每个硬币正面印上图像。一个人将坯子送入装置中间的小盒子里。然后，另外四个人拉动绳索，将轮子旋转 180 度，制造出很大的压力，以便将国王的面部形象清晰地印在硬币上。当轮子再转半圈时，机器会再次上升——在这段间隙，第一个人需要将印上图像的硬币弹出盒子，并且插入新的坯子。15 分钟后，四个转动轮子的人会累得筋疲力尽，而插入硬币坯子的人则不断被失去手指的恐惧所笼罩。

最后是磨边机，它在硬币边缘刻下两个特别标志。首先是硬币周围的隆起图案，叫作"铣边"。你可以在许多现代硬币上找到这种铣边，包括美国 25 分硬币和英国 2 英镑硬币。其次是拉丁铭文 Decus et Tutamen，出自维吉尔（Virgil）的《埃涅阿斯》，意为"装饰和盾牌"。正如拉丁文暗示的那样，它是对抗硬币剪裁的盾牌——即使从硬币上剪下一小块，损伤也会非常明显。[①]

你可能认为，这些机器制造的硬币可以消除货币供给的波动性，有助于解决英国的货币问题。实际上，1662 年以后，问题更严重了。这是因为，之前手工制造的硬币仍然在流通，商人仍然在以币面价值接收这些硬币。到了 17 世纪末，英国实际上出现了两套平行的货币。有 1662 年以前手工制造的硬币，它们的价值已经大大降低，无法通过熔化来盈利。还有机器制造的硬币，它们很难被剪裁。所以，机器制造的硬币被熔化，并被走私到欧洲，只有手工制造的硬币在流通。

经济学家将这种劣币驱逐良币的现象称为格雷欣法则。不过，这是经济学家用其他经济学家命名明显事物的典型案例。实际上，在早于格雷欣 17 个世纪时，阿里斯托芬已经在戏剧《青蛙》中观察到了这个"定律"："令雅典人骄傲的厚硬币从未得到使用，而低劣

---

① 铭文 Decus et Tutamen 在英国硬币上一直保留到了 2017 年。遗憾的是，最新版 1 英镑硬币取消了这段文字。

的黄铜硬币则被手手相传。"这是常识。如果你在结账时可以在雅典厚硬币和低劣的黄铜硬币之间做出选择,那么你会把厚硬币留在身上。店主在为你找零时会产生同样的想法。只有劣币会得到流通。

这正是发生在英国硬币上的事情。因此,到了牛顿 1696 年加入铸币厂时,英国的正常商业活动几乎被摧毁了。当时流传着一个黑色幽默:虽然詹姆斯国王统治下的税率更高,但是人们至少有钱交税。当时,许多人身无分文。有钱的人会把钱囤积起来,而不是将其花掉。他们的理由很充分:钱币会升值。因此,正如历史学家查尔斯·麦考利(Charles Macaulay)所说,"一切贸易和一切工业几乎陷入瘫痪。每一天,每个小时,在几乎每个地方,几乎每个阶级都可以感受到这种灾难。"当时的一个目击者向朋友解释说,"贸易只能通过记账的形式实现。我们的租户无须交租。我们的玉米 [商人] 无法为他们已经得到的商品付款,而且不愿意进行更多贸易,因此一切都陷入了停滞。"正如麦考利总结的那样,"可恶的国王、可恶的大臣、可恶的国会和可恶的法官过去 25 年为英国带来的所有苦难"在"可恶的克朗和可恶的先令一年造成的苦难面前"相形见绌。

皮克斯检验

到现在,关于英国 1696 年的货币状态,我们已经知道了三个重要事实。

1. 1662 年之前手工制造的所有银币仍然是一个巨大的问题。人们不得不每天讨论它们的价值，它们的贬值将机器制造的足重硬币逐出了流通领域，最终逐出了英国。

2. 这些手工制造的硬币由于剪裁而贬值。

3. 成功剪裁的关键在于波动性，即硬币形状和重量的不均匀性。罪犯可以利用这种不均匀性，对稍重的硬币进行剪裁，将其当成稍轻的硬币花出去。

因此，要想理解英国的经济危机，一个重要问题是：为什么这些硬币最初可以具有如此大的波动性？

一些波动性无法避免，尤其是对于手工制造的硬币而言。英国法律甚至逐渐意识到了这一点，为可接受的波动性设置了法律界限，并且设置了保护措施，以确保这些界限受到尊重。不过，这个系统失败了——为了解释原因，我们需要介绍皮克斯检验。

皮克斯检验^①是 12 世纪 50 年代以来一直在运行的异常检测系统。虽然它的细节随着时间的推移而有所变化，但它的目标基本保持不变，即检查铸币厂是否存在作弊和失职现象。例如，铸币厂的官员可以作弊，让硬币的平均重量轻一些，将余下的银子装进腰包。或者，他们可能只是在重量控制上存在失职，导致一些硬币太重，

---

① 检验的名称来自威斯敏斯特教堂的皮克斯室。"皮克斯"是一个古希腊词语，指的是盛放圣餐面包的盒子。等待检验的硬币装在一个盒子里，而盒子被存放在皮克斯室里——皮克斯检验因此而得名。

一些硬币太轻。在此种情况下，一些眼尖的商人可以将意外过重的硬币熔化并盈利。

皮克斯检验就是为了避免这种麻烦而设计的。在铸币厂制造的每60磅银币中，有一个银币会被抽出来。通常，每过几年，一个银匠陪审团会对积累到几千枚的银币进行检验，以寻找异常，确保它们满足重量和金属纯度的法律标准。

不过，请记住新英格兰爱国者队的教训：在检查异常时，你需要考虑到波动性。即使没有不轨行为，你也不能指望硬币的重量与应有重量完全一致，因为铸币厂的制造工艺一定是不完美的。至少从1345年起，英国法律已经意识到了这种波动性，指定了硬币重量的容限。这些界限被称为"补救"，并被设置在目标重量的大约±1%处[①]。如果硬币重量超出这些界限，铸币厂的官员需要就任何差额向政府"做出补救"——他们还可能面临更加不祥的命运，因为1280年的铸币厂合同规定，如果任何违法行为被发现，他们的"生命和家属将交由亲王处置"。

为什么皮克斯检验如此无效

从数据科学角度看，皮克斯检验似乎很完美。它包含具有明确定义的采样程序，没有明显的偏差。它所涉及的问题可以被21世纪

---

① 我们在此做了舍入，以保持数据的简洁性。真正的界限是每金衡磅48克，约为每千克7克，即重量的7%。见斯蒂格勒《桌面统计学》第23章。

的任何统计学教授当成家庭作业：政府官员计算了硬币样本的平均重量，希望检验这个平均值与目标重量是否足够接近。

不过，什么是"足够接近"呢？这正是皮克斯检验遇到麻烦的地方。政府官员认为，答案是显而易见的：如果法律规定一枚硬币的重量必须落在目标重量的 1% 容限以内，那么平均重量也应该落在目标重量的 1% 容限以内。不过，这个"显而易见"的答案是完全错误的。这种界限容许的正常范围太宽了——因此为硬币剪裁者带来了意外的好处。

为了理解这里的错误，想象你的面前是 2500 个先令组成的样本。假设每个先令的重量应该是 100 克——即"期望值"——误差容限是 ±1 克。你的工作是检查这些硬币是否落在期望值的 ±1 克范围内。显而易见的方法是单独称量所有 2500 枚硬币。不过，你能想象这有多枯燥吗？别忘了，这是 17 世纪，你有许多打发时间的途径，比如弹琵琶或者去看犯人的公开处决仪式。所以，你决定计算硬币的平均重量，从而免去所有这些工作。你在一台天平上称量所有硬币，然后将结果除以 2500。这个平均值似乎可以很好反映铸币厂的工作。如果平均值接近 100 克，那么大多数硬币一定也很接近 100 克。如果平均值距离 100 克很远，那么至少有一些硬币一定距离 100 克很远。

皮克斯检验采用的基本就是这种平均程序，它一定可以检测出最明显的异常。例如，假设目标重量为 100 克，但平均重量只有 50 克。这个差距实在太大了，你应该告诉铸币厂的官员，如果他们重视自己和家人的生命，他们就应该雇用优秀律师，为他们盗窃的所有银子辩护。那么，如果差距不明显——比如平均重量是 99.5 克呢？乍一看，这似乎也是作弊的证据，就像爱国者队在 25 场比赛的抛硬币环节中赢了 19 次一样。不过，别忘了，一些"异常"仅仅来自运气。如何判断 99.5 克的平均值是否可疑呢？

下面是关键问题。如果一枚硬币相对于目标重量的容限是 ±1 克，那么许多枚硬币平均重量的容限应该是多少？这里有一个金发姑娘原则。假设你把界限设置得很窄，只有平均重量落在 100 克目标 ±0.0001 克以内的硬币才能通过检验，那么你的异常检测系统就会过热，它会不断检测出异常，就像 20 世纪 80 年代被羽毛碰到就会报警的早期汽车警报器一样。另一方面，假设你把界限放得很宽，比如 ±10 克——约为一片柠檬角的重量，那么你的系统就会过冷，错过真正的异常。一个价值百万先令的问题是：如果 ±0.0001 过热，±10 过冷，那么合适的界限到底在哪里？

补充：平方根规则，又名棣莫弗公式

统计学有一个非常重要的公式，叫作平方根规则，它刚好回答了皮克斯检验的异常界限问题。这个公式是由瑞士数学家亚伯拉罕·棣莫弗（Abraham de Moivre）在 1718 年发现的。在我们看来，它是历史上最被低估的人类理性胜利之一。例如，

大多数人听说过爱因斯坦的公式 $e=mc^2$。棣莫弗公式和它一样深刻——它代表了同样普适的真理，对于准确的科学预测具有同等意义。不过，在统计学和人工智能领域以外，很少有人知道它。考虑到它在机器学习时代的核心地位，这简直是耻辱。

棣莫弗公式确立了样本均值波动性和样本大小平方根之间的倒数关系。它是这样的：

$$\text{均值波动性} = \frac{\text{单次测量波动性}}{\sqrt{\text{样本大小}}} = \frac{\sigma}{\sqrt{N}}$$

数据科学家通常用希腊字母 σ（西格马）表示单次测量的波动性，用字母 N 表示样本大小。所以，我们不仅把这个公式表述成文字，还把它表述成了更加紧凑的符号形式 $\frac{\sigma}{\sqrt{N}}$。数据科学家用"均值标准误差"这个听上去更加专业的词语来表示"平均值的波动性"。

让我们用上面一些实际数字来举例。假设你为 2500 个先令称重（$N=2500$）。法律允许每个硬币与 100 克的目标重量平均偏离 ±1 克。所以，如果铸币厂的质量控制很正常，那么 $\sigma=1$。根据平方根规则，如果这是事实，那么 2500 枚硬币的平均重量应该落在期望值 100 的 $1/\sqrt{2500}=0.02$ 范围内。所以，界限应该是 100±0.02。任何位于这个界限以外的值都意味着两种可能的异常："偏差"或"过度发散"。前者表示硬币的平均重量不是 100，后者表示单次测量的波动大于 1。

我们说过，实施皮克斯检验的人认为，如果一枚硬币的容限是±1克，那么许多枚硬币平均重量的容限也应该是±1克。不过，根据现代统计学，这是一个严重的错误。实际上，真正的界限应该取决于样本中的硬币数量：样本越大，界限就越紧。这个结论来自一个非常重要的公式，叫作"平方根规则"，又叫"棣莫弗公式"。根据平方根规则，样本均值的波动性随着样本大小平方根的增加而减小。这里的数学有点复杂，但它符合直觉。在小样本中，一枚过轻的硬币会把平均值拉低很多。但在大样本中，一枚轻硬币造成的偏差很可能会被一枚重硬币抵消，因此平均值应该更加接近目标值。所以，如果你对几千次测量取平均，结果与你的期望不是很接近，事情就有些可疑了[①]。赌场也会进行同样的数学计算，以决定是否派壮汉与21点牌桌上的麻省理工学生聊天。

为展示平方根规则对于异常检测有多重要，让我们对两组界限进行并排比较，看看它的效果。

样本大小	皮克斯检验中使用的界限	基于现代统计学的正确界限
1	100±1.00	100±1.00
100	100±1.00	100±0.10
2500	100±1.00	100±0.02
10,000	100±1.00	100±0.01

皮克斯检验使用的界限太宽了。这个错误会漏掉两种可能的异

---

① 如果你想看到平方根规则背后的数学知识，请参考186补充的专业内容。不过，即使不了解这里的数学知识，你也可以理解本章的中心思想。

常，二者都对英国有害。

　　首先，铸币厂的官员可能在偷银子。这种可能性不是很大，但是几乎每个听说过皮克斯检验的数据科学家都对这种可能性产生了兴趣。为说明这一点，假设铸币厂可以制造符合波动性法律标准（重量 ±1%）的硬币，但是官员偷偷地将每先令的目标重量定为 99.5 克，而不是 100 克。（这种异常叫作 0.5 克"偏差"。）同时，假设皮克斯检验通过称量 2500 枚硬币的样本来检测这种欺诈。如果你进行平方根规则的数学计算，你会发现，这 2500 枚硬币的平均重量可能落在 99.48 克和 99.52 克之间。这远远超出了 100±0.02 的正确统计范围。不过，皮克斯检验不会引发警报，因为陪审员会接受 99 克和 101 克之间的一切平均值。理论上，有胆量的铸币厂官员可以攫取英国所有白银的 0.5%，同时不被捉住。不过，只有知道平方根规则的人才能如此巧妙地在皮克斯检验中钻空子。而且，没有证据表明英国发生过这种大型欺诈。

　　不过，有证据表明，第二种微妙的异常的确发生过：铸币厂诚实而粗心地制造了重量很不均匀的硬币，为硬币剪裁者提供了额外的波动性。例如，假设铸币厂的确以 100 克作为平均重量目标。现在，假设由于质量控制不力，这些硬币的重量波动性是法律允许的 10 倍，即 100±10 克，而不是 100±1 克。这种异常叫作"过度发散"。它不一定源于欺诈，可能只是粗心。不过，皮克斯检验仍然无法发现这种异常。如果每个硬币位于 100±10 的范围内，那么根据平方根规则，2500 枚硬币的平均重量几乎一定会落在 99.8 和 100.2 之间。它仍然可能落在正确范围 100±0.02 以外，从而被现代质量控制程序检测出来。不过，皮克斯检验会接受 99 和 101 之间的任意值。

这种过度发散异常几乎持续了几十年甚至几个世纪，这对硬币剪裁者是一个巨大的好消息。这一结论基于两个事实。首先，艾萨克·牛顿明确表示，在他来到铸币厂时，他发现这里的制造标准很差。他甚至特别关注了硬币的波动性："在我首次来到铸币厂时，包括此前的许多年份，"他写道，"钱币制造得很不均匀，一些钱币超重两三克，另一些又太轻了。"牛顿还写道，较重的钱币"被称为'回炉基尼'，因为它们会被挑出来，并被送回铸币厂，用于重铸"，而这为其他人带来了利益。他估计，"回炉基尼"的比例高达四分之一——这是波动性过大的明确证据。这并不是铸币厂的新问题。例如，在 1534 年的皮克斯检验中，陪审团特别提到，"钱币非常不均匀，你可以通过挑出较重的钱币来获利。"

其次，在牛顿之前，这些钱币曾有两次未能通过皮克斯检验。两次失败听上去可能不是很多，但是如果每枚硬币都能满足 ±1% 的法律波动标准，考虑到过度宽松的检验界限，一次失败的可能性比中彩票还要小。鉴于牛顿关于质量控制不力的评论，对于两次失败，最简单的解释是这些钱币远远超出了法律允许的波动范围。

牛顿在铸币厂

事实证明，铸币厂的官员对于波动性的管理非常糟糕。他们在几十年间对于铁匠粗糙的工作视而不见，任由他们制造出重量波动性远超 ±1% 法律标准的钱币。不过，皮克斯检验从未发现他们的错误，这使硬币剪裁者获得了一个强大的帮手，即概率定律。

不过，几个世纪以来的铸币厂官员们不可能弄清这个可怕错误背后的数学原理，但艾萨克·牛顿是一个明显的例外。

你一定会对牛顿来到铸币厂时的可怜遭遇产生同情。他的新工作与之前的承诺相去甚远。财政大臣告诉他，他一年的工资是 600镑，但这是一种故意夸大，因为他只能得到 400 镑。对方告诉他，他的新同事是一群思想敏锐的专业人士，但他们其实只是一群乌合之众。诺威奇副主任最终进了监狱，其财产被没收，而副总监则很快被解职，随后被任命为英国驻马达加斯加大使。最后，对方告诉牛顿，他在新岗位上不需要特别认真地工作——这是最大的谎言。他来到铸币厂时正赶上 1696 年货币大重铸，这是对于硬币剪裁问题激进而孤注一掷的解决方案。在这场运动中，英国几百万手工制造的硬币被召回铸币厂并被熔化，然后由机器重新铸造。

当牛顿到来时，货币大重铸正在全面展开。从各个方面看，由于领导不力，这场运动正在走向灾难。值得称赞的是，牛顿并没有真的把这份工作当成闲职。相反，他立即采取了行动。当同事辜负他时，他承担了额外的工作。他掌握了铸币厂复杂会计系统的所有细节。他在研究炼金术的许多年时间里掌握了纯熟的金属学知识。因此，他为铸币厂提出了改进建议。这些知识从未将铅块转化成黄金，但它显然帮助牛顿将银块转化成了硬币。

然后是货币大重铸的速度。还记得由两层楼高的滚轧机和吃人手指的机器组成的地狱般的机器制造工序吗？工人们认为每分钟制造三四枚硬币是可以接受的速度，但这显然太慢了，无法及时完成货币大重铸并避免灾难。所以牛顿亲自对流水线上的工人进行了详细的时间动量研究，他的改进措施最终将速度提升到了每分钟50枚硬币。这种速度从早上四点钟持续到午夜，每周持续七天，一直维持了近两年时间。

到了1701年，货币大重铸已经完成，英国再也没有手工制造的硬币了。牛顿得到晋升，获得了更有声望的铸币厂厂长一职，准备接受皮克斯检验。陪审团被召集，硬币通过了检验，新厂长用硬币邀请大家吃了一顿丰盛的晚餐，事情就结束了。牛顿对于晚餐成本提出了痛苦的抱怨：每个陪审团成员两英镑，相当于今天的每人200多英镑。

牛顿的皮克斯检验之所以引人注目，恰恰是因为它的悄无声息。这是艾萨克·牛顿，是皇家铸币厂历史上最优秀的波动性监督员。他花了五年时间思考铸币过程的每个细节。他特别指出，硬币波动性太大，不能满足法律标准。他意识到，波动性过大的问题在铸币厂持续了很长时间。他曾专注于降低这种波动性。最后，他是世界上最伟大的数学家，他所面对的是关系重大的公开检验，而检验的内容正是硬币的波动性。

如果让你想象由合适的人在合适的时间和地点做出重要统计学发现所需的条件，那么你很难想象出比这更好的条件。不过，牛顿并没有做出这项发现。他甚至没有意识到这是一个需要解决的问题——而皮克斯检验又将同样的错误维持了一百年。牛顿为什么没有发现平方根规则？这是一个谜。你很难理解，为什么牛顿没有发现一个简单的经验性问题：如果每枚硬币的波动性远远超出了法律标准，就像他明确宣称的那样，为什么它们在连续几百年时间里通过了那么多次皮克斯检验？

这个问题特别令人困惑，因为牛顿一生都很喜爱数学问题，即使在疯狂的货币大重铸期间也不例外。例如，在 1696 年的一个下午，牛顿下午四点从铸币厂回到家，开始研究一个以困难著称的问题，叫作"最速降线"问题。它是由牛顿最尖刻的数学敌人约翰·伯努利（Johann Bernoulli）提出的。牛顿当天在铸币厂的工作已经使他很疲倦了——不过，正如他在日记中所说，关于数学问题的催促和挑逗使他倍感厌倦。所以，他在那天没有吃晚餐，并且直到第二天早上四点钟才休息。此时，他已经解决了这个问题，让伯努利知道了谁是老大。这种事情对牛顿来说很平常，包括在他所谓的"退休"期间。

所以，牛顿之所以没有看到他的错误，不是因为缺少机遇、天才和执着，也不是源于缺乏在现实生活中应用数学思维的迫切性，我们将这些事情称为科学突破的必要元素。艾萨克·牛顿在皇家铸币厂时已经具备了所有这些元素，但他没有取得突破。讽刺的是，和最速降线相比，平方根规则背后的数学原理对牛顿来说简直是小菜一碟——前提是他首先想到提出正确的问题。不过，他没有。在很长一段时间里，没有人做到这一点。概率和统计在此后的近一百年时间里甚至没有成为一个学科，而平方根规则的完整意义则是由后来的两位伟大数学家高斯（Gauss）和拉普拉斯（Laplace）提出的。

人工智能时代的异常检测

牛顿在皇家铸币厂的时光是一段迷人而鲜为人知的历史，它对人工智能具有重要意义。对许多测量值取平均是数学科学史上最重要的思想。从欺诈预防到智能监管，大量人工智能应用依赖于这一思想，而它们的基本架构和皮克斯检验相同。

- 数据收集：对某种基本过程提取一些测量值。
- 取平均：对这些测量值取平均，以提供相关过程的"数字快照"。①
- 决策：平均值是与我们的预期"足够接近"，还是落在正常波动范围以外？

和牛顿时代相比，人工智能有三个重要差异。标注异常的决定

---

① 许多系统依赖的不是这种平均值，而是其他某种数据快照。简单的例子有中值，复杂的例子有"主成分分数"和"科尔莫哥洛夫-斯米尔诺夫统计量"。这个细节并不重要。不管你使用平均值还是其他某种更加花哨的数字快照，你都需要理解波动性。

通常是由机器而不是人类做出的。这种决定的时间窗口不是几年，而是几毫秒。最后，和实施皮克斯检验的人不同，这些机器不会在数学上犯错误。

这些人工智能系统无处不在。一级方程式车队会监测来自汽车上数百个传感器的数据流，以寻找异常——发动机温度、轮胎磨损、空气动力学，以及其他任何可能影响比赛策略的因素。信用卡公司会检查你的每一笔交易，寻找可能存在欺诈的异常。大城市的警察会携带辐射传感器，以寻找恐怖分子遗留的脏弹引发的异常。脸书和谷歌，仓库和杂货店，航空公司和钻井平台，参议员和股票交易员，克利夫兰骑士和金州勇士……他们都在提取测量值并取平均，通过算法在大量数据中寻找异常。

这些系统的速度和规模在 300 年间发生了很大变化，但基本原则并没有改变：要想检测异常，你需要理解波动性。

智能城市：大 N，大 D

看不懂？那就去问问纽约市数据分析市长办公室的工作人员吧。2013 年，当时的市长迈克尔·布隆伯格（Michael Bloomberg）创立了这个机构，用于分析市政府收集的海量市政数据——从报警电话，到建筑检查表格，到全市 520 万棵树木的园艺报告。

该机构各种数据资源的规模和丰富性揭示了大数据与人工智

能相结合的一个重要事实。大数据之所以是大数据，不仅仅是因为"大N"，即它所拥有的数据点数量。它们还涉及"大D"，即每个数据点的细节数量。例如，纽约公寓数据集的细节可能包括面积、位置和邻近设施，手术患者数据集的细节可能包括一组健康指标。"大N"意味着许多数据点——许多公寓，许多手术患者等。"大D"意味着许多细节。

我们可以将"大N""大D"数据集看作许多小型子集的集合，它们整体上表现出了令人炫目的宽度（大N）和极为具体的细节组合（大D）。所以，对于这种数据集使用人工智能并不只是在数据海洋中寻找一个异常，而是在几百万个不同的池塘中寻找几千个可能的异常。数据集越大，越丰富，池塘就越多，你可以找到的异常就越详细。

例如，纽约市只有大约200名房屋检查员，每年需要调查关于非法公寓改造的超过两万起投诉，比如房东将工业空间转变为住宅，或者将已经很小的公寓隔断为更小的子单元。这些检查员必须在资源分配上做出明智判断，因此他们请求市长办公室的数据分析部门帮助他们寻找最有可能导致"命中"的建筑特征。这里的"命中"是指成功发现非法改造行为。

为便于理解，想象检查员对于所有公寓的历史命中率是10%。现在，考虑下面的公寓子集。根据之前的检查，它们似乎具有比较高的命中率。

- 子集 A：1940 年以前建成的第十四街以南的无电梯五层公寓，底层零售。命中率为 10 中 2（20%）。

- 子集 B：皇后区新建双卧室公寓。命中率为 100 中 17（17%）。

- 子集 C：五个街区半径内拥有五家新开餐馆的废弃服装厂。命中率为 5 中 2（40%）。

所有这些子群体的命中率都超过 10%，但是只有一个属于异常——其命中率很难用随机概率来解释。哪一个？在回答之前，让我们强调一下关键思想：对于这些高命中率子集的检查就像微缩版的皮克斯检验一样，其目标是检测异常，即很难用概率来解释的与 10% 整体命中率偏差过大的现象。（提示：关注样本大小。）

你可能认为命中率最大的子集 C 存在异常，其命中率为 40%。不过，根据平方根规则，存在异常的恰恰是命中率最小的子集 B，其命中率为 17%。原因在于，子集 B 的样本是最大的（100），这意味着我们可以非常肯定地认为，其过高的命中率是真实的。另一方面，子集 A 和 C 的命中率可能由于采样波动性而上升——它们可能取决于你恰好已经检查过的特定公寓。这与爱国者队抛硬币案例的教训类似：波动性对于异常检测非常重要，小样本的波动性很大。[1]

当然，在现实世界中，我们面对的远远不止三个公寓子集。所

---

[1] 另两个子集可能的确存在异常，但我们需要更多数据来确认。在实践中，探索小数据子集与通过检查存在明确异常的子集而"轻松获胜"之间存在一个权衡问题。

以，我们会使用人工智能，它可以在数千或数百万可能的建筑特征组合中寻找异常，包括永远不会被人类看作重要因素的特征。准确而高效地完成这一任务的算法仍然是一个重要研究领域。（我们会为你免去残酷的数学细节。）

当数据分析部门的工作人员开始用这些算法将建筑检查报告与纽约其他大量市政数据资源相关联时，他们得到了惊人的结果。检查员的命中率提高了四倍，而且发现了与非法公寓改造存在强烈关联的两个因素：物业费用的突然增长和卫生问题报告的增长。另一组检查员用同样的技巧搜索非法销售酒精和烟草的商店，其命中率也从 30% 提高到了 82%。第三个团队成功打击了类鸦片滥用现象，通过医疗补助署的申请数据发现了少数药房，其数量只占总体的 1%，但它们却开出了纽约市 60% 的氧可酮。

这还只是检查员。想一想，当其他城市机构——从警署到路面坑洞填充部门，从公园部门到消防队——当他们开始收集和监测新型数据时，他们也会取得类似的效果。例如，如果你不仅可以发现人们经常被车撞到的地点和时间，而且能够发现他们经常被车撞到的原因，有多少生命可以得到挽救呢？现在，你会开始理解为什么世界各地的市政府都在赞美人工智能的力量。

检测伽马射线和燃气泄漏

他们赞美的对象很快就会包括卡内基梅隆大学博士生亚历克

斯·莱因哈特（Alex Reinhart）。莱因哈特正在研究一个新的异常检测系统。未来某一天，它可能会帮助执法警官嗅出最可恶的恐怖主义威胁之一：脏弹。

脏弹是残忍而致命的武器，它用常规炸药将放射性物质散布到空气中。最初的爆炸摧毁的面积较小，但它会将毒物散布到很大的区域——也许是几十个城市街区。不过，有一件事可能对执法人员有利：任何放射性同位素都会以可预测的能量发出伽马射线，这个能量与同位素的原子结构有关。因此，从原则上说，在爆炸之前，脏弹发出的伽马射线可以被辐射"嗅探器"检测到。

不过，这里有三个难题——即三种波动性，它们使你很难将异常标记出来。首先，你不能在每次检测到辐射时发出警报，因为背景辐射无处不在。砖块和石头等大多数建筑材料都含有微量的放射性铀和钍。香蕉和花园土壤含有微量的放射性钾。更不要说来自外层空间的持续伽马射线了。研究人员用"NORM"（自然界辐射物质）来表示这些良性的伽马射线源。它们是无害的，但这意味着你不能在检测到辐射时直接将其标记为异常。

其次，这种背景辐射在不同地点存在差异，尤其是在大城市。如果你在日常炸弹巡查中穿过街道或者转过拐角——在许多城市，日常炸弹巡查是必要的执法行动，这很令人遗憾——你会靠近由不同材料组成的不同建筑，其辐射特征存在细微的差异。

最后，辐射在统计上是嘈杂的，其根本原因与量子力学有关。在任何指定时间段，放射性同位素会以随机能量发出随机数量的伽马射线。因此，你永远不能确定某个伽马射线来自背景辐射还是存在异常。

结论是，寻找辐射异常是一个非常棘手的数据科学问题。你必须将存在波动的辐射观测值与正常背景辐射进行比较，而背景辐射也具有波动性，它在不同位置具有不同强度。为此，你需要覆盖整个城市的详细的背景辐射地图，以及在噪声数据中检测微小异常的良好算法。

目前，最好的办法需要使用人类智能——通常是雇用某个核物理学博士，让他实时监测辐射读数。不过，这个解决方案几乎无法扩展。对于伦敦、纽约和巴黎的反恐行动，你需要一大群核物理博士。

莱因哈特及其合作者提出了人工智能替代方案。在他们的方案中，警官需要配备小型伽马射线嗅探器，它与带有 GPS 传感器的智能手机相连。每隔两秒，智能手机会将伽马射线嗅探器的读数与警官的 GPS 坐标上传到中央服务器。服务器需要查询城市背景辐射地理空间数据库，这个数据库是用廉价移动传感器在几个月时间里编辑而成的。服务器对当前读数与官员所在位置的正常背景进行比较，用平方根规则确定异常边界。如果读数超出边界，人工智能系统就会提醒警官进行调查。

这种地理空间嗅探技术的应用不限于炸弹探测。莱因哈特的研究导师之一亚历克斯·阿西博士（Dr. Alex Athey）指出，每个大城市都有巨大的天然气管道系统，所有管道都可能发生危险的泄漏。

例如，纽约市街道下面有超过 9600 公里的天然气管道，仅在 2012 年就发生了 9906 次泄漏。2014 年 3 月东哈勒姆的泄漏引起了爆炸，导致八人遇难。

城市可以安装新型"智能管道"网络，在发生泄漏时发出警报，但是这种工程具有破坏性，而且成本极高。阿西提出的解决方案要便宜得多。想象在垃圾车、城市公交和救护车等正常市政车辆上安装甲烷传感器。随着时间的推移，这些车辆可以覆盖到城市的大部分区域，绘制出"正常"甲烷水平的背景地图。如果某处的天然气管道出现泄漏，这些移动传感器可能会比天然气公司更加迅速地发现异常——这比翻新地下几英尺的数千公里管道要便宜得多。

今天的欺诈检测

不是只有城市检查员和警官才需要通过跟踪大量数据中的异常寻找违法者。同样需要这样做的还有世界上最大的银行，它们正在日益转向人工智能，以对抗现代数字经济的恶魔：欺诈。

欺诈可能是世界上第二古老的职业。古希腊人信仰欺诈女神阿帕忒（Apate），她也是潘多拉魔盒中的恶魔之一。埃及人用一大批抄写员监督法老的粮食库存交易。大约 3000 年前，一定有人激怒了所罗门王（King Solomon），因为他在《箴言》11 章写道，"虚假的平衡令主憎恶，公平的重量令主喜悦。"

直到不久前，针对欺诈的斗争一直是由人类通过人类智能进行的。1685年，你的银币会被检查和称重。1885年，你的期票依赖于你的名声。1985年，你的个人支票只有在与你的驾驶执照信息相匹配时才会被接受。今天，一切都在依赖芯片和密码，这种面对面的防范已经行不通了。例如，美国银行在2015年处理了价值178万亿美元的非现金交易。这个数字包括了700亿次借记卡交易、340亿次信用卡交易和240亿次银行转账。遗憾的是，它还包括几十亿美元欺诈交易——大多数发生在普通零售商身上，他们会把这些成本转嫁给你，你在杂货店支付的每块钱中有1.3分进入了电子骗子的腰包。他们是现代世界的硬币剪裁者。

幸运的是，数据科学家正在努力研究对抗欺诈的人工智能系统。和其他所有异常检测一样，这里的关键是衡量波动性。例如，你自己的支出习惯每天和每个星期都在以可预测的方式波动，这种波动性构成了欺诈检测的统计基准。

多年来，每家大银行都在实时分析信用卡和借记卡交易，以寻找欺诈，这就是你的银行卡有时遭到拒绝的原因。不过，大多数传统系统依赖于简单而固定的规则，比如交易的金额和地点。这忽略了许多重要的群体波动性。对教师来说，学期之内一个星期在三个不同国家的连续刷卡交易可能是清晰的欺诈信号。对于旅行销售代表来说，同样的模式可能是正常的——根据交易历史，这两位顾客的差异应该很明显。

你可能认为，在很长时间里，信用卡公司一直在挖掘你的交易历史，以了解这些差异。这的确是事实——但是这种挖掘并不多，而且主要是为了卑鄙的营销目的。遗憾的是，对于必须在十分之一秒之内接受或拒绝银行卡的实时交易系统来说，利用所有这些数据是非常困难的。

原因很简单：处理如此规模的数据具有极大的工程挑战。信用卡公司会生成几千万亿字节的交易数据，而一千万亿字节相当于大约 22 万张光盘的存储量。直到不久前，任何端到端人工智能系统的速度都不足以利用所有这些数据支持复杂的实时欺诈检测。它们都存在某种致命弱点——比如欺诈检测算法本身的性能，网络的速度，或者在光盘上读取几万亿个 0 和 1 所需的极为漫长的时间。

因此，银行需要做出折中。要想以每次几毫秒的速度分析 1 千亿次交易，他们只能使用基于时间、位置或金额的相对简单的"小D"异常检测规则。要想利用每个顾客独特交易历史中的众多细节，他们需要花上几个月而不是几毫秒的时间寻找异常。他们可以选择大 N 或者大 D，但是不能全选。

不过，在现代算法和现代超级计算设施的帮助下，许多支付系统公司最终解决了这个问题，比如贝宝（Paypal）。贝宝的欺诈检测系统通过深度学习将每一笔交易与你自己过去的行为以及其他类似用户的行为进行比较。这种比较使用了几千种可能的特征。根据这种比较，系统会生成一个欺诈概率分数，用于接受或拒绝交易——所有这些只需要不到一秒钟。

有了这个新系统，贝宝现在可以更好地确定数据的正常波动范围，甚至可以达到个体用户层级。它对人工智能的投入产生了丰厚的回报：2016 年，其欺诈率下降到了总收入的 0.32%，不到行业平均水平的四分之一。其他支付系统公司也对类似技术进行了投资，比如中国的支付宝和美国的 Sripe。这些系统一直在进步，因为每个新的数据点都会增加它们关于欺诈的知识。

所罗门王和艾萨克·牛顿都会为此感到自豪。

数字时代的魔球

如果你是球迷，你可能听说过"魔球"一词。作家迈克尔·刘易斯（Michael Lewis）用它来表示根据数据打造和指导球队的特殊策略。20 世纪 90 年代后期，奥克兰运动家队发现，传统棒球球探对于优秀球员的评估不是很有效。许多被这些球探归结为技术的因素其实仅仅来自运气，而他们眼中的许多运气其实是真正的技术。在球探的建议下，大多数棒球队花费数百万美元购买了不能帮助球队赢得许多胜利或者无法将过去的成功复制到现在的球员。同时，其他许多球员并没有被发现，他们为球队提供了重要而可以复制的帮助，但是这些帮助并不是显而易见的。这种低效为第一支寻找更好办法的球队创造了机遇。

运动家队的创新包括三个方面。他们用数据确定球员的哪些特征和习惯是赢得比赛的真正因素。接着，他们用这些结果寻找市场异常——即被其他球队系统性低估的获胜特征和习惯。然后，他们招募具有这些特征的球员，指导他们养成这些习惯。结果，他们成功地与红袜和扬基等球队进行了竞争，并且取得了胜利，而这些球队的球员购买预算可以达到运动家队的三倍。

25 年后，这些创新已经改变了世界各大体育项目。不过，现在和当初有一个重大区别。20 世纪 90 年代，你可以用一张电子表格和一个聪明的实习生实现魔球。现在，你需要基于云的超级计算机和一个专业科学家团队——这是因为，当职业球队意识到数据带来的优势时，他们积累起了大量新数据。

一级方程式

这场革命的典型项目是一级方程式，它是世界上最受欢迎的赛车运动。在一级方程式比赛中，数据的流速比礼盒中的香槟还要快。汽车性能的每个方面都会受到实时而详细的监督。一辆一级方程式赛车每一圈会产生几千兆字节数据，大约相当于 30 小时歌曲或 6000 本电子书的数据量。这些数据通过无线信号传回后勤站，后勤人员通过复杂算法寻找可能影响比赛策略的异常：发动机功率、制动器温度、燃油消耗量、轮胎磨损、横向重力、后轮下压力以及其他数百个变量。车队不需要等到某个部件出现意外故障并毁掉比赛时再去出手干预。现在，他们可以在这些故障发生之前将其预测出来。

实际上，数据挖掘不止于赛道。一级方程式车队之间进行着昂贵的高科技军备竞赛。为限制这种竞争，每支球队比赛日出现在赛道旁的人员数量存在上限。没有这种规则，大型车队会使小型车队被人遗忘。毕竟，在这项运动中，车队每年要为发动机花费 1 亿美元，并在每个检修站雇用 12 个人。不过，最有钱的车队认为，他们需要更多数据人才，因此他们转向了赛道外的工程师。例如，红牛车队最近与美国电话电报公司合作，打造了一个全球网络，可以将世界任何赛道上的比赛数据传到英国米尔顿凯恩斯的车队总部。在那里，第二个数据科学家团队实时或近实时地监测红牛赛车。系统性能的限制因素是光速，因为光线每秒只能环绕地球 7.5 次。这种投资应该能让你感受到实时异常检测对于工程师的重要意义。

　　一级方程式车队在实时监测方面积累了丰富经验，一些优秀车队已经开始向其他大公司出售他们的服务。例如，麦凯伦车队最近将其数据分析团队拆分成了独立公司，叫作麦凯伦应用科技公司，它立即与毕马威咨询事务所签订了协议。该公司有许多项目，比如帮助石油行业客户监测来自钻井平台的实时传感器数据，以寻找可能导致问题的异常。

超越赛道

　　这些创新已经扩展到了其他项目。例如，2016 年，布鲁克林网队与 Infor 公司签署了赞助协议，该公司在企业软件界以外鲜为人知。Infor 为大数据分析师客户——包括一级方程式的法拉利车队——制作软件。虽然他们为了在网队球衫上展示公司标志花费了数亿美元，但是他们带上谈判桌的不只是一张空白支票。

网队总裁布雷特·约马克（Brett Yormark）解释说，通过销售球衣冠名权，他希望确定一个"足够强大、可以在球场上下提高球队表现"的战略伙伴。他与 Infor 签署的协议象征着美职篮进入了"魔球"的新时代，联盟最大牌的一些球星将会穿上印有大数据公司标志的球衫。

在美职篮，这场革命主要是由新的数据源驱动的，比如每个球员身上的运动跟踪器以及覆盖球场每个角落的摄像机。不过，它也是由球队建设理念的大规模转变以及对于分析人才的重大投资驱动的。例如，萨克拉门托国王队最近聘请了前哈佛统计学助理教授卢克·波恩（Luke Bornn），用于挖掘所有视频和球员跟踪数据。正如波恩在接受 NBC 体育采访时所说：

> 球场上发生的许多事情并没有在技术统计中得到体现。许多球员做出的巨大贡献被忽视了。这种贡献不是助攻，不是篮板球，不是盖帽。

相反，它是其他因素——它之前有时会被教练忽视，但却隐藏在肉眼看不见的数据中，等待被发现。波恩相信，通过使用人工智能挖掘所有数据，寻找有趣的异常，他可以帮助国王队找到被低估的球员，对他们进行创新式指导。例如，他和其他一些人最近发表了一篇论文，讨论了篮球的高级防御技能。利用美职篮所有球场上方摄像机捕捉到的数据，他们可以回答之前从未在篮球统计学中发挥作用的两个简单问题。一是在每个时刻，谁在防守谁。二是特定防守人防守特定对手的效果如何。

波恩及其同事发现，投篮选择（球员投篮的时间和地点）和投篮效率（是否命中）是篮球防守技能的两个重要组成部分。这些技能还具有明确的空间结构：它们取决于防守人在球场上的位置。例如，在篮筐附近，夏洛特黄蜂队中锋德怀特·霍华德（Dwight Howard）降低对手投篮频率的能力高于平均水平，但降低对手投篮效率的能力低于平均水平——而在远离篮筐时，他在两个方面的能力均低于平均水平。通过这些发现，波恩及其同事可以预测特定进攻防守组合的结果。例如，根据他们的模型推测，同美职篮其他防守人相比，在面对圣安东尼奥马刺队的科怀·伦纳德（Kawhi Leonard）时，勒布朗·詹姆斯（LeBron James）的得分期望要低一些。这并不意味着伦纳德总体上是一名优秀的防守球员。这只能说明他的防守技能组合在面对詹姆斯的进攻技能时特别有利。

美职篮球员的日常习惯也得到了挖掘，以寻找异常。这种魔球的"行为"迭代有时是全新的。布鲁克林网队控球后卫林书豪认为，他的球队与 Infor 的合作已经开始产生回报，因为他可以像一级方程式车队照顾赛车一样照顾他的身体。具体地说，他认为高级分析改善了他的睡眠，使他可以从讨厌的肌腱伤病中更快地恢复过来。

其他职业体育联盟的球队也接纳了人工智能，这与他们接纳球衣广告的原因相同：这里面涉及巨大的利益。例如，英超莱斯特城足球俱乐部在夺冠的 2015-16 赛季对于球员跟踪数据进行了非常巧妙的使用。球队使用了 prozone3 系统的数据，该系统将摄像机和可穿戴传感器结合在一起。和其他英超球队一样，莱斯特城用这些数据调整对于每个对手的场上策略。不过，莱斯特城还在这些数据中挖掘了球员运动和负荷的异常，这些异常可能意味着更高的受伤风险。因此，球队获得了英超最低的伤病率和最稳定的首发 11 人。

尾 声

我们要向你介绍皮克斯检验的最后一个细节。实际上，虽然英国硬币已经不是银币了，但是皮克斯检验今天依然存在。每年二月第二个星期二，会有一个金匠陪审团聚集在伦敦，为硬币样本称重，检验其精细度。幸运的是，他们吸取了过去的教训：从 19 世纪中期起，判断异常的界限一直是根据合理的统计公式计算的。

还有一个不同之处：在过去的大约 75 年，陪审团还会检查硬币的宽度和直径。这些测量在牛顿时代并不重要。有趣的是，它们在今天也不是很重要。它们的目的是为了满足英国在漫长历史中一小段时间里的需求，当时伦敦人需要通过投币在街角的红亭子里打电话。

第六章　提灯女士

Chapter 6　THE LADY WITH THE LAMP

克里米亚战争对我们的启示：人工智能革命在医疗保健领域的前途以及有助于创新的文化和制度。

如果你最近读过医疗保健新闻，你会看到两种完全不同的叙述。

首先是坏消息：所有发达国家的医疗保健系统在老龄化患病人口的压力下苦不堪言。肥胖症和心脏病患者越来越多，医疗成本正在失去控制。2016 年，三分之二的英国医院信托出现赤字，法国医疗服务则超出预算 34 亿欧元。同一时期，美国医疗保健支出占GDP 的比例是最高的，但是美国人并没有因此而变得更加健康。医生们每天都在对抗保险公司，应对法律诉讼，将数据输入到电子健康记录系统中。医生群体酗酒和吸毒的概率比其他人高出 40%，自杀的概率是其他人的两倍。

也许是为了化解所有这些故事带来的沮丧，新闻还告诉我们，人工智能即将为医疗保健带来一场革命。在人工智能宣传者描述的未来世界里，外科医生会得到激光制导机器人的协助，就像谷歌汽车一样；你的生命体征会受到算法的监测，以寻找异常，就像你的信用卡一样；你的治疗将会得到个性化处理，就像你的网飞账户一样。在这个世界里，你的 Fitbit 可以告诉你何时分娩，你可以拍摄皮肤损伤照片，在手机上立即得到诊断，你的智能手表会适时提醒你进食更多蔬菜或者爬爬楼梯。

在这个世界里，医生不再花费三分之一的时间手工输入数据。相反，他们会把关于类固醇的一切告诉类似亚马逊 Echo 的系统，它会立即更新你的医疗记录——然后用大型数据库训练出来的复杂预测规则对其进行分析，帮助医生寻找隐藏在数据中的疾病迹象。这是人类和人工智能完美互动的世界。在医疗资源不足的地区——首先是发达国家，然后是发展中国家——廉价可穿戴传感器、基于人工智能的诊断和基于智能手机的监测技术将共同为医疗保健带来重大升级。分娩将会更加安全，疾病将被更早发现，大量人类潜能将得到充分发挥。

我们希望你承认这个世界听上去很美好——前提是我们能解决你对于数据隐私的担忧，我们将在本章结尾试着解决这个问题。接下来的问题是：为什么我们没有将这幅图景变成现实？我们列出的所有人工智能技术都已经进入了研发过程的某个阶段，广泛使用它们所需要的条件又是显而易见的：更好的数据，医疗保健提供者与数据科学家之间更加深入的合作，在鼓励创新的同时保护病人及其隐私的更加聪明的法律。不过，你将在本章看到，数据可以带来好处，但这并不意味着这种好处一定会实现。

到目前为止，我们已经强调了人工智能技术的巨大进步。现在，我们要把关注点转向技术和文化的相互作用，包括指导人们行动的价值观、动机和习惯。为实现我们所有人希望的那种医疗保健革命，我们当然需要资源、数据和人力。最重要的是，我们需要将这些资源、数据和人力结合起来的文化承诺——即医护人员、医院、公司、立法机构和患者的共同努力。谷歌、脸书、亚马逊、贝宝、百度、阿里巴巴、一级方程式、纽约市长办公室数据分析部门、小池诚的日本黄瓜农场……他们在各自领域都做出了同样的承诺，取得了令人震撼的效果。同其他领域相比，人工智能在医疗保健领域可以帮助的人几乎是最多的，但是这一领域却缺少这样的承诺，这非常令人遗憾。要想让我们最先进的人工智能技术帮助大量真实的病人，我们可能还需要等上许多年，其原因与科学和计算能力无关，它完全取决于文化、动力和官僚制度。这也不只是美国的问题。美洲、欧洲和亚洲的医疗保健制度存在重大差异，但在人工智能可以带来的好处以及这种好处没有实现的原因上，它们具有一些重要的相同点。癌症和肾病没有国界，但是每一种语言中都有官僚主义一词。

在这种时候，我们最好能够看到某人面对类似问题并将其克服的历史案例——这个人拥有知识和名望，能够勇敢地站在管理医疗保健系统的权威人物面前，说出所有人的心声：请停止这种做法。你们为什么要这样做？你们不知道情况可以变得更好吗？

幸运的是，我们知道这样一个人：弗洛伦斯·南丁格尔（Florence Nightingale）。

如果你年纪不大，你可能不知道南丁格尔是历史上最著名的护士——作为"提灯女士",她在护理克里米亚战争中的英国伤员时成了同情心的代名词。实际上,当她没有护理士兵时,南丁格尔还是一位出色的数据科学家,成功地说服医院通过统计学改进了医疗保健水平。事实上,弗洛伦斯·南丁格尔是历史上救人最多的数据科学家。1859 年,由于她的成就,她成了第一个入选英国皇家统计学会的女性。

南丁格尔发挥医疗保健数据力量的路径为今天带来了三个重要启示。首先,它说明了在指定领域进行数据科学革命所需要的那种制度承诺。实际上,如果你想知道人工智能可能为你的专业领域带来怎样的改变,那么你不可能找到更好的案例了。

其次,这个故事说明了作为希望获得最佳医疗保健的病人,你需要面对什么。19 世纪 50 年代,在将更好的数据分析引入医疗保健的过程中,南丁格尔需要对抗保护现状的强大利益集团,这些利益集团不想看到对病人有帮助的改变。今天,同样的斗争正在以极为相似的方式展开。如果第一次是悲剧,那么第二次更像是闹剧。

最后,南丁格尔的故事令人鼓舞。今天的医疗保健系统当然可以使用像 160 年前的弗洛罗斯·南丁格尔那样拥有韧性、头脑和道德勇气的人。你可能就是其中之一。

克里米亚天使

1820 年,弗洛伦斯·南丁格尔出生在一个舒适的特权家庭。每年，她的家人都会在伦敦社交季在城里租下旅馆套房，然后回到两座乡村别墅中的一座。当他们在欧洲度假时，他们会乘坐可以容纳12人的大马车，并且享受奢侈的娱乐活动：每个星期的歌剧——"无尽舞会"，以及由托斯卡纳大公举办的宴会。

不过，弗洛伦斯将这种生活看作镀金的笼子。她有两个真正的爱好，二者都与客厅里的闲适和快乐格格不入。

她的第一个爱好是数学。弗洛伦斯从小就钻到了数学书中，喜欢研究古老的问题："如果世界上有六亿异教徒，每两万异教徒需要一个传教士，一共需要多少传教士？"她喜欢数学文字游戏——她在七岁时写道："我吸一口气，写出四十个词语。"十几岁时，她学习了欧几里得几何学，向堂兄亨利（Henry）学习了对数，并且恳求父母让她长时间拜访奥克塔维厄斯（Octavius）叔叔，因为他有一个奇妙的数学图书馆。

弗洛伦斯对护理的热爱超过了数学。小时候，她治疗受伤的小狗，为花园鹡鸰起草墓志铭，哀悼患上严重咳嗽的奶牛。十几岁时，她几乎每天都会拜访村子里的病人和穷人。当弗洛伦斯在夜间消失时，她的母亲会在村子里到处敲门，然后发现弗洛伦斯"坐在某个病人床边，声称她不会参加7点钟的大型晚宴"。如果她参加了晚宴，她可能会向那些对于他人痛苦视而不见的宾客提出尴尬的问题，不管这个宾客多么有声望。

她很快认准了职业护士的道路。她在日记中写道："我的思想被人类的痛苦攫住了……在我看来，为这个世界歌功颂德的所有诗篇都是不真实的。我看到的所有人都在被忧虑、贫困或疾病吞噬。"她最早3点钟就会起床,以阅读她能找到的关于社会福利的所有信息:人口普查统计数据,国会会议记录,以及一篇"英国劳动阶级卫生状况报告"。

可惜,她的父亲认为她的职业志向古怪而令人沮丧,和她的地位完全不相符,并且拒绝让她进入护士培训学校。作为回应,弗洛伦斯将他们眼中的理想女性称为"吃甜李子"的人,是"在明媚阳光下歌唱的百灵鸟",永远不会"像其他人那样屈尊前往繁忙辛劳的兔子窝,关心那些在尘土飞扬中拼命劳作的居民"。她为如此快乐的生活而内疚,因为她自己可以享受特权,而其他许多人却过着贫穷痛苦的生活。不过,到了30岁生日时,由于她的家人不断阻挠她的愿望,她的思想变得消极而绝望。

最终,弗洛伦斯的意志力 —— 她的姐姐帕尔特诺普(Parthenope)称之为"我所知道的最坚决、最坚硬的事物"——还是取得了胜利。31岁时,她终于赢得了父母的许可,在德国著名慈善医院凯泽斯维特学习护理。这是一个转折点。她在凯泽斯维特的短暂经历包括陪伴病人和无助者的漫长时光。她给人包扎伤口,治疗斑疹伤寒,护理截肢者,在临终者的床边守夜。这种经历使她觉得自己获得了新生。她终于响应了她一直在倾听的召唤——正如她的朋友所说,"在体验过你内心选择的道路以后,你会发现平淡和空谈的人生更加令人难以忍受。"

的确,当南丁格尔回到英国时,她的家人和这个阶级的规矩都无法阻止她实现一生的理想。她开始在伦敦哈莱街一家小型女子医院工作，并且凭借她的能力和同情心迅速获得了名声。1854 年，她得到了梦寐以求的工作，成了国王学院医院的护士主管。不过，历史对她还有其他安排——同年 10 月，随着英俄克里米亚战事的升级，弗洛伦斯·南丁格尔得到了国家的召唤。

"污浊的空气和可以避免的错误"

克里米亚战争在 1853 年打响，当时俄国入侵巴尔干半岛，对英国的盟友土耳其产生了威胁。作为回应，英国人在 1854 年 3 月对俄宣战，将军队派往克里米亚半岛，以包围俄国黑海舰队的主要港口塞瓦斯托波尔。在伦敦，民族主义热情高涨的人们认为战争很快就会结束。这种速胜的愿望迅速破灭了，因为人们发现，没有经历过上次大型战争——1815 年对抗拿破仑的战争——的这一代英国军人在面对俄罗斯时完全没有准备。

这在英军衰败的医疗系统中表现得最为明显。在这里，负责医疗的人认为，提供基本的卫生物品和维持供应链是一件有失身份的事情。这些糟糕的规划导致了一场后勤和人道灾难。在克里米亚受伤的士兵通常会被塞到肮脏的船上，并被运送到 500 公里以外的斯库塔里军营医院，这里与君士坦丁堡只隔着一条博斯普鲁斯海峡。到了斯库塔里，伤员最晚要等到三天以后才能被抬上岸，并被放到担架上或绑到骡子上，然后通过颠簸而陡峭的山道来到肮脏的医院。

在那里，他会遭遇"大屠杀"，因为士兵们只能躺在薄薄的垫子上，在充斥着血腥、恶臭、肮脏和老鼠的环境中挣扎。霍乱和痢疾到处肆虐：下水道是堵的，厕所的粪便会排到庭院里，总水管被正在腐烂的马尸堵住。医院严重缺乏医疗物资、干净的床单、健康的食物和氯仿——许多截肢是在没有氯仿的情况下进行的。医生也很稀缺，仅有的医生会从一个急诊室匆匆穿过大厅，进入另一个急诊室，以躲避病人和尸体。

到了 1854 年秋，斯库塔里的状况受到了强烈关注。《泰晤士报》9 月 30 日的文章体现了公众不断增长的愤怒：

> 每当外科医生在腐臭的船上巡行时，伤员们都会绝望地向他求救，但他们却无人理睬，只能在痛苦中死去。他们相信，到了医院，他们就可以获得各种资源，以缓解痛苦或迅速康复。不过，真正到了医院时，他们才发现，这里连济贫院病房最常见的设备都没有。

南丁格尔家族的好友、战争部长西德尼·赫伯特（Sidney Herbert）感到了巨大的压力。他看到了弗洛伦斯在护理领域的迅速崛起，因此向她提出了建议。她是否愿意领导一个由政府赞助的护士小组前往斯库塔里，以协助医生照料伤员？

弗洛伦斯欣然同意，并且做了最坏的打算。不过，到了那里，她还是被眼前的状况惊呆了：6 公里长的走廊上挤满了患有各种伤病的士兵，每两人的卧铺仅相隔45厘米，"污浊的空气和可以避免的错误"使他们的经历变得更加痛苦。此外，医院的供应链完全瘫痪了。南丁格尔找不到用来包扎伤口的亚麻布和用来更换血衬衫的新鲜衬衫。"坏疽、虱子、臭虫和跳蚤"有很多，但却"没有拖布，没有金属盘，没有木盘，没有拖鞋……没有刀叉，没有剪刀（用于为奄奄一息的伤员理发），没有水盆，没有毛巾，没有漂白粉"。她很快得知，物资申请需要通过伦敦八个不同政府部门的审批，物资常常被错误发放，或者被发放到错误地点。在斯库塔里，南丁格尔遭遇到了总供应官的磨蹭和阻挠。由于情况非常糟糕，她不得不请求《泰晤士报》将收集到的士兵基金交给她处理，以便绕过供应官，在君士坦丁堡大市场购买必需品。之后，她在事实上成了医院的影子供应官，负责分配普通市民寄到斯库塔里的各种礼物——食品、现金、亚麻布、拖鞋、干燥柜……甚至还有白金汉郡戈洛普夫人（Mrs. Gollop）寄来的覆盆子果酱和姜饼干。

虽然南丁格尔是一个很有才华的护士，但她很快表现出了更加出色的管理能力。她起初很谨慎，只是实施了新的清洁标准。不过，她很快承担起了重组医院几乎所有非医学职能的角色。弗洛伦斯将她的角色描述为"厨师、管家、清道夫……洗衣女工，日用品杂货商和仓库管理员"。这些工作累得她筋疲力尽。她每天工作20个小时，只能边走路边吃饭。她需要完成"大量书写，大量交谈……并与自私者和刻薄者打交道"。她觉得自己像普罗米修斯，被绑在"无知和无能的岩石上"。

不过，在这个过程中，她为医院带来了变化。在她到来两个月后，医院牧师惊奇地发现，"空气变得舒适而令人愉悦"。每个病房都有火炉，每个角落都有锡制水盆。每个人都有一张床和一块干净的床垫，一周可以更换两次衬衫。死亡率也在下降：在1855年冬达到惊人的52%以后，它在3月下降到了20%，随后继续下降。到了冬天，它已经和大城市公民的正常死亡率不相上下了。

弗洛伦斯无法将所有这些荣誉归为己有，她也从未这样尝试过。不过，在一年多时间里，斯库塔里的医疗工作就像没有被风浪吞噬的轮船一样——正如亲眼看到这些变化的陆军上校所说，"南丁格尔小姐是这艘船唯一的船锚。"她的同事可以回忆起她的活力，她的榜样，她打破官僚程序的方式。他们可以回忆起冬天最黑暗的日子，当时数百名伤兵来到医院，"官员们着了慌——不停地召唤弗洛，"向她求助各种事情。他们还可以回忆起她短暂离开时的混乱——比如在1854年的一天，当她暂时放下作为非正式供应官的职责时，走廊的人全都喝醉了——由于没有人为他们提供杯子，他们只能直接用瓶子喝酒。

南丁格尔的数据科学遗产

在英国，《泰晤士报》记者描绘了弗洛伦斯·南丁格尔永垂不朽的形象："当所有医疗官员在夜间休息时，寂静和黑暗降临在绵延数公里的病人身上。这时，你可以看到她提着一盏小灯，孤独地巡查病人。"随着时间的推移，她的传奇色彩越来越强烈。人们为她谱写诗篇和抒情歌曲。士兵的私人日记记录了面对危险时向她求助的幻想。轮船、赛马和各个阶级的婴儿都在以她的名字命名。

对南丁格尔来说，这种名声只是"基于无知的错误赞誉"。她相信，在战争结束很久以后，她在英国的工作具有更大的意义——现代历史学家在很大程度上同意她的观点。她在这段时期留下了三项重要遗产，而它们的实现源于她在克里米亚战争中获得的经历和名声。

提灯女士

南丁格尔的第一项遗产是护理改革的现实榜样。在她以前，维多利亚时代的典型护士形象是莎拉·甘普夫人（Mrs. Sarah Gamp），她是狄更斯（Dickens）在《马丁·朱述尔维特》中对于家庭护理者的犀利讽刺。粗野的甘普夫人没有经过训练，一直处于醉酒状态，散发出"奇怪的香味……就像刚刚去过酒窖的仙女打了个嗝一样"。在狄更斯笔下，她经常"带着甜蜜而狡猾的目光斜瞟别人……含有部分精神成分、部分酒精成分和彻底的职业成分"。

甘普夫人是一个模式化人物，但她的形象成了一种标志，因此她一定使狄更斯同时代的人产生了共鸣，他们用甘普夫人来代指不光彩的护理状态。正如著名医生爱德华·亨利·西夫金（Edward

Henry Sieveking）1852 年所说："让护士和杜松子酒鬼不再成为同义词，让我们用最高权力驱逐甘普夫人之流，代之以整洁、聪明、语言得体的……病患护理者。"

由于南丁格尔的努力，护士的公众形象转变成了和今天差不多的状态。这只能是几十年护士培训和改革的结果，而南丁格尔并不是这些改革的首位倡导者。她受到了许多前辈的鼓舞，尤其是凯泽斯沃特的护士——她曾在 19 世纪 50 年代早期在那里接受培训。不过，对英国公众来说，南丁格尔成了现代维多利亚护士的符号。在使护理成为值得尊重的中产阶级女性职业的过程中，她比其他人做出了更大的贡献，促进了一种良性循环：更好的护士使护理成为更好的职业，从而吸引更好的护士。

热情的统计学家

南丁格尔的第二项遗产是她对于克里米亚战争医疗数据的个人分析。回到英国时，弗洛伦斯对于斯库塔甲的丑闻充满了义愤。她在日记中写道："我站在被屠杀者的祭坛上。只要我还活着，我就会为他们而斗争。"这场斗争对抗的是军队和医疗机构中坚决反对改变的人——比如军医约翰·霍尔（John Hall），他将南丁格尔称为"蛮横的女人"。在这场斗争中，南丁格尔动用了所有武器：她的智力、她的朋友圈、她那尖锐的文字……还有最重要的数学和统计学，她将其看作箭袋中最强大的箭支。

南丁格尔第一位传记作者 E.T. 库克（E. T. Cook）将她昵称

为"热情的统计学家"——这个名号显然不像"提灯女士"那样吸引公众的想象，但它却更好地描述了她是如何推动世界进步的。南丁格尔尤其善于用图像表示数据——用现代术语来说，叫作"可视数据"——以吸引国人关注军队医院中普遍存在的恶劣条件。正如一位同事所说，南丁格尔的数据图像可以"使人们看到他们无法通过文字和耳朵吸收到大脑里的信息"。南丁格尔甚至发明了新的统计图：极区图，又叫"鸡冠"图，它用一系列彩色楔子展示死亡率随时间的变化。她的克里米亚战争鸡冠图描绘了疾病致死率的上升和下降，如图 6.1 所示。

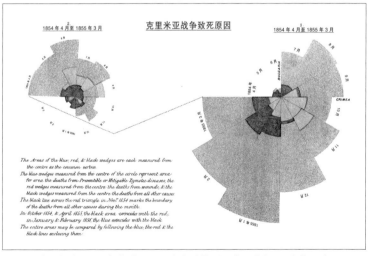

图 6.1　南丁格尔 1858 年的鸡冠图。在右边的圆圈中，外部 12 个楔子表示 1854 年 4 月到 1855 年 3 月"可以避免或缓解的传染病"导致的克里米亚战争逐月死亡人数。然后，虚线将你导向左边的圆圈，它展示了接下来的一年即 1855 年 4 月到 1856 年 3 月的数据。在每个圆圈中，内部的两组楔子代表战斗负伤（黑色）和其他所有原因（浅灰色）导致的死亡。

她的分析显示，在克里米亚战争前七个月，单是疾病导致的英国士兵死亡率就达到了 60%。这比伦敦人在 1665 年大瘟疫中的死亡率还要高，甚至高于 1850 年霍乱感染者的死亡概率。是的，同前往克里米亚相比，在家中感染霍乱要更加安全——这还是在你面对敌人子弹之前的事情。南丁格尔称之为"现代史上关于不良食物和空气不受控制的单独作用可能导致多少人死亡的最精细的实验"——这场实验使 1.6 万人失去了生命。

她还分析了和平时期的统计数据，并且发现，由于不良卫生条件，国内军人的死亡率是可比平民人口的两倍。她将这种情况称为"犯罪"，认为它无异于"将 1100 人带到索尔斯堡平原上，并且将其射杀"。面对这种耻辱，军队翻新了军营，重新设计了医院，使疾病导致的死亡率迅速下降。南丁格尔的建议很快引起了民间的注意。拥有长走廊和不通风房间的医院被视作感染的孵化器，而南丁格尔的不懈倡导对此起到了重要作用。她所提倡的医院建设模式很快成了规范：亭式医院，拥有充足的光线和通风，用单独的侧厅阻挡疾病的传播。这些"南丁格尔病房"一直延续到了 20 世纪。

循证医学之母

南丁格尔的第三项遗产也许是最不为人所知的，那就是她促成了医疗数据收集和分析的全新职业标准。

将军们常说，他们一直在参与最后一场战争。不过，当军医从克里米亚战争的大量医疗经历中寻找经验教训时，他们无法得到任何结论。没有人收集统计数据，很少有人保存临床历史，几乎没有人进行尸检。在许多情况下，病人在克里米亚被装到轮船的一头，并在抵达斯库塔里时在死亡状态下被人从轮船另一头扔下去。南丁格尔对于他们的命运感到绝望，但她也发现，这种"科学财富"由于管理不当而丢失的现象"令人极其沮丧和失望"。

战后，南丁格尔回到英国，发现这些缺点在平民界同样存在。国家没有收集最基本医疗数据的制度，比如康复率、住院时间或者不同疾病的死亡率。即使存在这样的制度，人们也无法比较不同医院的结果，因为不同医院使用的疾病分类系统是不同的。

南丁格尔将这种对于数据缺乏关注的现象看作公共卫生灾难。她知道新出现的统计学是如何改变天文学和地球科学等其他领域的。她还注意到，大陆统计学家——最明显的是她的偶像之一、著名的比利时人阿道夫·凯特勒（Adolphe Quetelet）——正在用这些工具解决关于犯罪和人口结构变化的复杂社会学问题。南丁格尔认为，同样的统计学技术在医疗保健领域的应用具有极大的潜力，"可以帮助我们拯救生命，减少病痛，改进患者的治疗和管理"。不过，这需要医疗保健系统提供更好的数据。为此，她设计了一组标准的医疗表格，得到了世界上许多顶级统计学家的支持，然后督促伦敦大医院使用这些表格。她还游说政府，要求在人口普查中收集关于疾病和住房质量的数据，称"人民健康与住所的关系是最重要的关系之一"。从顶层到底层，南丁格尔的工作成了未来 160 年循证医疗保健的基础。她的思想为当今国际疾病分类系统提供了清晰的模型，后者是所有现代流行病学和医疗数据科学的基础。

人工智能时代可以避免的错误

南丁格尔的三项遗产可以在今天找到清晰的对应物。它们也引出了一些尖锐的问题。南丁格尔谈到了杀死克里米亚士兵的"污浊的空气和可以避免的错误"。现代医院的空气也许不那么污浊，但是错误依然大量存在。

一个大问题是如何建立和培训一支现代医疗保健队伍。南丁格尔之后，每一家医院都少不了护士。今天，医疗保健领域的日常工作中几乎没有数据科学家和人工智能专家的身影，他们何时才能获得像护士一样的地位呢？

第二个问题是如何为这个新时代设计医院。南丁格尔促进了卫生新标准的确立。作为回应，医院得到了彻底的重新设计。医院何时会经历另一个重新设计时代，以提供人工智能目前可以带来的便利？人们何时能像对待患者卫生那样认真对待数据卫生？

最后，最重要的问题是，如何收集、共享、分析和使用医疗统计数据。过去 160 年，我们在这方面有了明显进步，而南丁格尔在其中起了重要作用。不过，你很快就会知道，我们只在某些方面有所进步——而且我们可以做得更好。考虑到医疗保健领域以外的进展，这似乎是一种道德尴尬。在这个时代，一级方程式赛车会受到算法和工程师团队的实时监测，你的观影偏好是几十亿美元人工智能系统的关注目标，你点击狗粮广告的倾向会得到超级计算机的分析，涉及几百万变量和几十亿数据点。不过，在量化肾衰竭风险时，我们在很大程度上仍然依赖于弗洛伦斯·南丁格尔可以用纸和笔解决的数字。在一些方面，我们没有任何进步：《皇家统计学会期刊》2017 年的一篇论文认为，南丁格尔的 1860 条信息收集规程在概念上比今天的许多系统更加完整。对此，我们所有人都会感到疑惑：医疗数据科学何时才能进入 21 世纪？

为什么医院需要人工智能

我们首先需要澄清，这不是某个医生和护士的错误。相反，它是整个医疗保健系统的错误。长期以来，这个系统在数据科学方面就像甘普夫人一样：在经济指标上发展落后，在官僚制度上尽显醉态，对于现代人工智能的基本常识一无所知。

为说明这一点，我们要向你介绍一个来自美国东海岸的病人——让我们称他为乔（Joe）——他在 62 岁时死于慢性肾病。乔的故事很好地解释了当代医疗数据科学方法是如何辜负病人的，以及为什么加强数据监护和人工智能的结合可以避免许多人的痛苦。

在 45 岁左右，乔已经患上了二型糖尿病和充血性心力衰竭。

也许他的工作很紧张，或者他的饮食和锻炼习惯很糟糕。不管是什么原因，它们终于让他尝到了恶果。在 47 岁生日的几个星期前，乔的右臂突然麻木了。他跌了一跤，重重地摔在地上。他被送到急诊室，立即被诊断为缺血性脑卒中，即斑块阻碍了脑部血流。

幸运的是，乔活了下来。他的高血压和糖尿病意味着他在未来某个时候患上肾病的风险很高，但他的肾脏检测结果目前是正常的。肾脏功能的标准指标是 GFR，即肾小球滤过率。乔的肾小球滤过率估计值是 99，远高于危险区：60 及以下的肾小球滤过率表示轻中度肾功能丧失，30 及以下意味着严重肾功能丧失。

接下来的一年，乔由于各种疾病去了九次急诊室，但是这些疾病与肾脏没有明确的关系。他有两次住进了医院，进行了肾脏功能检测：他的肾小球滤过率第一次是 96，一个月后是 95。这种下降比健康人每年 1%～2% 的预期下降率稍微快了一点。不过，由于每次的读数都高于 60 的临床阈值，因此医生并不感到担忧。

在脑卒中大约一年后，乔开始定期前往门诊诊所，他在 14 个月里去了 8 次。每一次，医生都让他进行一系列常规检查，诊所人员也尽职地将乔的肾功能数据输入电子数据库——也就是医生在医院里使用的那个数据库。他的肾小球滤过率在 60 和 75 之间起伏，这仍然高于 60 的阈值，但是和前一年的 99 相比有所下降，而且存在明确的下降趋势。

49 岁时，乔再次住院，其肾小球滤过率为 54。接下来的几个月，他又去了十次急诊室，并且去了十二次诊所。乔现在病得很重。

在 50 岁生日的一个月前，他的肾小球滤过率是 40，明确处于危险区。不过，他没有得到阻止肾衰竭的治疗。我们只能对原因进行推测。一个原因可能是，检测结果有时需要过一段时间才能出来——此时病人可能已经回家了，不在最初要求做检查的医生的直接照顾下。

接下来的三年，乔又找了医生 20 次。在许多时候，他的肾功能得到了测量，其下降速度非常可怕：51 岁时低于 30，52 岁时低于 20。此时，乔终于被推荐给了肾脏专家，而根据他的肾小球滤过率，他在一年多以前就应该被推荐给肾脏专家。

现在，肾衰竭已经无法避免了。在和专家见面三个月后，乔的肾脏终于罢工了。他被送进急诊室，这是他第一次脑卒中之后的第 25 次。他的肾小球滤过率是 12。从脑卒中后最初的 99 算起，过去五年，他的肾功能每年下降 34%。急诊室医生对他进行了紧急透析，这是教科书上最具伤害性、最昂贵的程序之一。

接下来的十年，乔成了保险业所说的"超级用户"，这是管理者对于重病患者的称呼。他们只占患者总数的 5%，但却消耗了美国 50% 的医疗保健支出。对乔来说，这意味着严重糖尿病、五级肾病、心绞痛、血管疾病、炎性结缔组织病以及一系列心脏病发作。在此期间，乔的肾脏得到了 124 次检测，包括 26 次进入急诊室和 9 次去看肾脏专家。他的肾小球滤过率有所反弹，但是从未回到 20 以上。

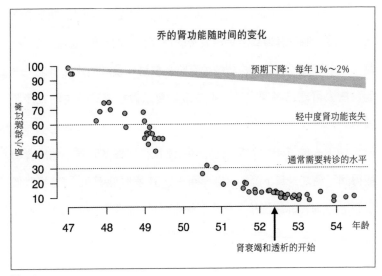

图 6.2

他在 63 岁生日的一周前去世，此时他已透析了大约 10 年。

乔的死因是什么？从某种意义上说，答案很明确：肾衰竭。不过，在肾衰竭之前，其他一些事情首先出了问题，这很明显，甚至令人难以置信。如果你收集乔在脑卒中后八年间的所有肾小球滤过率读数，将其画成时间的函数，你会看到明显的趋势（见图 6.2）。

在 47 岁和 50 岁之间陡峭下降的三年时间里，所有为乔看病的人都没有查看肾小球滤过率随时间变化的简图。从表面上看，问题在于他们没有将单个点连成线。这种连线可以得到简单而明显的预测：患者的肾功能下降得如此迅速，因此很可能会继续下降，其结果是痛苦而昂贵的。

乔当然死于肾脏捐赠者的缺失。更重要的是，他死于散点图的缺失。

阈值思维

为什么会这样？我们向凯瑟琳·赫勒博士（Dr. Katherine Heller）提出了这个问题。赫勒是杜克大学统计学和机器学习教授，她最先分析了乔的数据，并将他的病例告诉了我们。"事后看来，"赫勒说，"47 岁到 50 岁的陡峭下降是一个明显被错过的机会。只要在一堆数据点中画出一条直线，你就能看到它们的趋势。"

那么，为什么人类和机器都没能画出这条直线呢？这是现代医疗保健的重要问题。要想理解这个问题，我们必须回顾弗洛伦斯·南丁格尔 160 年前提出的两个问题，当时她在思考如何将 19世纪 50 年代的全新数学工具应用到医院里：

1.医疗保健系统今天是如何使用数据的？

2.面对新的数据分析技术，应该做出怎样的改变？

今天，医疗保健系统使用数据的主要途径是创建检查表。这些检查表使用了美国医疗协会或英国医学总会等国家级机构推荐的"护理标准"，而护理标准又是由已发表的研究结论决定的。这些研究的内容包括应该注意哪些危险迹象，哪些治疗具有实际效果，哪些诊断协议可以为大多数人提供帮助。例如，你可能记得，美国癌症协会 2015 年对于乳房 X 光检查推荐检查表的更新引发了一些争议。根据新的检查表，具有一般乳腺癌风险的女性应该在 45 岁而不是 40 岁开始进行年度乳房 X 光检查。这种改变的原因是，由 19 位专家组成的团队对于所有可用数据进行了大规模分析，认为新的建议可以在每 500 个被检查的女性中避免 11 个假阳性，而它对乳腺癌死亡人数没有明显影响。

医疗检查表很伟大，其创建和更新方式代表了数据相对于经验的胜利——如果弗洛伦斯·南丁格尔还活着，她会对此感到极为自豪。检查表可以帮助医生在制定复杂决策时捕捉到微妙的线索，从而挽救生命。在个人行医经历的启发下，外科医生兼作家阿图尔·加万德（Atul Gawande）甚至写下了《检查表宣言》，认为检查表不仅在医学上有用，而且可以在各个领域帮助人们制定复杂的决策。他说得很好。

不过，检查表也会失败——尤其是当它们依赖于凯瑟琳·赫勒所说的"阈值思维"时。为理解这一点，让我们回头来看肾脏读数散点图上显而易见的趋势。赫勒推测，在这一系列令人悲伤的散点上，每个医生都是根据检查表上的二元阈值看待乔的。病人的肾小球滤过率是否高于 30？检查一下。他的血钾水平是否低于每升 5.5 毫摩尔？检查一下。他的尿蛋白水平是否正常？他与肾脏相关的其他指标是否处于正常范围内？我是否遵循了正确程序？检查，检查，检查。

所有这些"检查"都与乔在这一孤立时刻的肾功能有关，它们对于良好的医疗保健非常重要。不过，这些检查并不能告诉你任何长期趋势。所以，虽然乔的肾小球滤过率多年来一直在向着 30 这一严重阈值猛冲，但是他并没有越过阈值——当有人产生警惕时，已经来不及了。事后来看，这并不令人吃惊。从人工智能角度看，检查表只是预测规则而已，是将患者数据作为输入、将临床决策作为输出的程序。不过，作为预测规则，它们只能帮助医生理解和回应目前的情况，而不是未来可能发生的情况。实际上，这正是检查表的设计特点：它们使医生专注于目前的细节。不过，在这个世界上，最大、最昂贵的医疗问题是延续多年的慢性病，因此检查表的这一特点看上去很成问题。

你可能会问：为什么不能在检查表上添加一个项目，鼓励医生查看长期趋势，以解决这个问题？我们也有同样的疑问。因此，我们询问赫勒，守在乔病床旁的某人是否可以在屏幕上调出他的肾小球滤过率读数，画出它们随时间的变化情况，以寻找趋势。"如果你知道怎样调取数据，也许你可以用这种方式查询数据库，"赫勒沉思片刻后说道，"不过，这显然不是医生对于系统自然而直观的使用方式。"她还说，要想看到趋势，"你需要手工查阅过去的记录，逐个寻找每个读数。"讽刺的是，在过去的纸质图表时代，这项工作可能要更容易一些。

此外，赫勒还指出，你需要查看的不是一组读数，而是数百甚至数千组读数：血检、尿检、心电图、心率、血压、临床症状、社会因素——而且很快还会加上病人的基因表达和表观遗传剖面信息。这些数据实在是太多了。即使只截取一个时刻，人类也很难理解所有这些信息，更不要说随时间变化的趋势了。

最后，还有一个问题，那就是如何将检查表上这种假想的"寻找趋势"条目融入医生的正常工作流程中。当你出现在急诊室时，医生的主要关注点是：你目前的情况有多严重？应该在治疗后把你送回家，还是对你进行住院治疗？医生在制定这些决策时面临着很高的风险和巨大的压力——即使在急诊室以外，在正常诊所里，他们也需要迅速做出决策，因为候诊室里还有几十个病人，他们也需要帮助。如果让这些医生停下手上的工作，启动统计软件包，在海量电子健康数据中搜寻——只为寻找可能与未来数月或数年后的问题有关的一两个历史趋势——这样做真的合理吗？

杜克大学卫生创新研究所的马克·森达克博士（Dr. Mark Sendak）解释说，《豪斯医生》等电视剧里的医生可能会做这样的事情，但是正常医院里的医生不会。"内科医生总是说，他们需要数据"森达克说。不过，他继续说道：

> 问题是，他们没有访问或使用数据的工作流程。数据的组织需要时间和技术。你需要编写查询语句。你需要将数据下载到电子表格里。然后，你需要对其进行操作。不过，内科医生的压力已经足够大了。他们给每个病人看病的时间只有 15 分钟。他们怎么会有时间摆弄病人的数据，研究应该对

病人做些什么？

　　这引出了一个更加深刻的问题：整个医疗数据科学系统仅仅是为了解决整体层面的问题而设计的。例如，如果在检测肾病时使用阈值 A 而不是阈值 B，我们能挽救多少生命？每个这样的问题一定涉及数百项研究。不过，关于个体病人层面的基本统计问题，你几乎听不到医疗数据科学的声音。乔的肾小球滤过率的长期变化情况如何？它们未来可能会怎样变化？这对乔下个月或者下一年的健康意味着什么？一个人或一个算法很容易根据乔的历史医疗记录回答这些问题——但是所有这些数据点从未获得发声的机会。没有一种常规程序可以在乔的健康记录中筛查慢性病的迹象：没有一个数据科学家团队，没有一个算法，没有一个受过跨学科统计培训的医生能够去做这样的事情。

　　除了少数例外，大多数医院和诊所都是如此。在与朋友和同事谈论这个话题时，我们注意到，许多人认为现代医院背后一定存在某种医疗"机器人"——即一套高级算法，用于分析每个病人的记录，帮助医生做出个性化建议和决定。也许，他们之所以存在这种印象，是因为他们看到医生输入了许多数据，而且人工智能也为其他许多行业带来了改变。不管原因如何，当我们说出真相时，他们通常感到吃惊。真相是，对于今天大多数医院个体层面的数据分析来说，不仅没有"机器人汽车"，而且没有人掌握方向盘。

　　当我们和赫勒交谈时，她对此的沮丧是很明显的。"事实上，仅仅收集所有这些数据是不够的，"她揶揄道，"你还需要对其进行处理。"她的话使我们想起了南丁格尔，后者在 1859 年写道，伦敦圣托马斯医院"收集数据的目的似乎主要是为了管理吵闹的病人，这当然是一个目标，但不是科学目标"。

实际上，乔的故事不仅仅是一个肾脏病人的故事。它告诉我们，数据可以为我们做的事情与医疗保健系统允许数据做的事情之间存在巨大的鸿沟。

人工智能来解围

如果你认为医疗保健专业人员淹没在了数据海洋之中，可以使用救生圈——人类和机器智能的结合可以从根本上提高医疗保健水平——那么你不是唯一产生这种想法的人。许多公司和研究人员正在努力研究基于人工智能的新一代技术。这些技术已经成熟，可以帮助医生和护士更有效地工作。

例如，凯瑟琳·赫勒博士在杜克大学的团队与内科医生合作，开发了可以将慢性肾病先兆标记出来的人工智能系统。这个系统的核心是一个预测规则，它和我们在第二章看到的那种预测规则相同：它会检查病人的肾小球滤过率历史读数，将其与其他化验和生命体征数据相结合，预测病人肾功能未来的走势。这种预测显示在手机程序中，医生可以在看病时调用这个程序。凭借这种人工智能，医生可以真正将长期趋势纳入检查表，而且不需要亲自研究数据技术。

其他研究团队为其他疾病发明了类似的早期预警系统——比如心搏骤停、抑郁、分娩时胎儿窘迫、院内感染等。人工智能技术其他令人震撼的进步很快就会改变每一个医学领域，比如放射学、癌症护理和皮肤病学。我们会稍微深入地介绍该领域的前沿技术，然后再去讨论一个问题：要想让人工智能在医疗保健领域得到普及，必须做出怎样的文化改变？

智能医疗设备

电手术刀用高频无线电波加热组织，使之蒸发。和过去的手术刀相比，这是一种很大的进步。电手术刀可以大大提高切割精度——由于它可以近乎实时地灼烧周围组织，失血量也可以降至最低。不过，即使是最先进的手术刀也不能告诉医生切割位置。例如，当癌症外科医生移除肿瘤时，他们常常无法用肉眼精确判断肿瘤和健康组织的分界线。

幸运的是，佐尔坦·塔卡茨博士（Dr. Zoltan Takats）及其伦敦帝国理工学院团队开发的基于人工智能的新型智能手术刀也许很快就会为医生提供帮助。当电手术刀使组织蒸发时，它会形成烟雾，这种烟雾通常会被排风扇吸走。不过，塔卡茨对于这些烟雾产生了巧妙的想法：它应该含有蒸发组织的代谢物，可以用于推测组织是否癌变。所以，他设计了一种电手术刀，将烟雾引到质谱仪中，进行化学分析。预测规则根据分析结果判断烟雾来自健康细胞还是肿瘤细胞。此外，这个四步过程——蒸发、提取、分析、分类——不到三秒就可完成。因此，新的手术刀可以告诉外科医生在哪里停止切割。在涉及真实手术病人的 91 次试验中，手术刀的人工智能软件每一次都识别出了正确的组织类型，这一点得到了术后组织学验证。

一些智能医疗设备甚至可以超越测量，进入自动治疗领域。例如，闭环人工胰脏这一人工智能系统可以根据糖尿病人的血糖变化自动为他们提供正确剂量的胰岛素，以模仿真实胰脏的激素功能。人工胰脏涉及三个步骤：测量、确定剂量和输送。测量步骤用连续血糖监测器对血糖进行每周七天、每天二十四小时的实时测量。第二步用算法计算剂量，这种巧妙的预测规则根据来自连续血糖监测器的所有实时血糖数据输出合适剂量的胰岛素。最后一步将病人所需的胰岛素输送到病人体内。

美敦力、银休特和坦德姆等医疗设备公司在这一领域进展迅速——而监管部门也在跟进，这是一个好现象。例如，2016 年 9 月，经过极为迅速的三个月审核期，美国食品药物管理局批准了美敦力的最新模型，这是首款用于稳定高血糖和低血糖的人工胰脏。

医疗成像人工智能

诊断成像更为直接地体现了人工智能可以带来的改变。从查看胸部 X 射线到用显微镜检查癌细胞，许多常见的医疗影像分析形式涉及经典的模式识别问题：输入是从图像中提取的特征，输出是诊断。正如第二章所说，计算机非常善于学习如何根据输入预测输出，尤其是对于图像而言——由于数据的积累和模式识别算法的更新，它们一直在进步。

对于一些基于图像的诊断来说，在不久的将来，你甚至不需要去看医生。以皮肤损伤的诊断为例。这个问题关系重大：单是在美国，黑素瘤每年就会导致一万多人死亡。如果得到早期检测，黑素瘤的五年存活率超过 99%。不过，如果发现得晚，这个比例会降至14%。由于时间、金钱和对医生的普遍反感等因素，人们常常不会及时去看皮肤病医生。

《自然》2017 年的一篇研究文章描述了一个人工智能系统，该系统也许很快就会为任何拥有智能手机的人提供重要的皮肤诊断。这项研究是由斯坦福大学塞巴斯蒂安·特龙（Sebastian Thrun）领导的跨学科科学家团队进行的。这个斯坦福团队在之前的机器人汽车研究中对于图像识别算法积累了许多知识，这使他们产生了一个简单的想法。对于机器人汽车，他们会训练算法分辨停止标志和跳跃的小鹿。如果他们根据正常照片训练算法分辨不同类型的皮肤癌，会有什么结果呢？

这并不是计算机辅助皮肤病学领域的第一次尝试，但斯坦福团队做了三个重要选择，使他们的算法从其他众多不太成功的方法中脱颖而出。首先是规模。之前的同类尝试使用的是小型数据集，皮肤损伤图像数量不到一千个。斯坦福研究人员编辑了 19 个数据库，包含 129,450 张图像，每张图像根据 2032 种不同皮肤损伤进行了分类。更多的数据意味着更加丰富的经验和更好的模式识别，就像行医几十年、见多识广的皮肤病老医生一样。

第二个选择是他们对于计算机视觉的处理，涉及第二章描述的深度神经网络。这些网络可以提取微妙的视觉特征，将其合并成高级视觉概念——比如圆、边、条、纹路或色彩的细微差别——用于分辨两千种不同的皮肤损伤。而且，它们并不需要程序员告诉它们应该寻找什么。

斯坦福团队的最后一项选择是使用来自普通照相机的图像，而不是只能通过活组织检查或皮肤病医生专用设备才能得到的高标准医学图像。这些图像在光线、色彩平衡、焦距和角度上千差万别——不相关的波动很容易使不太优秀的算法发现不存在的虚假差异。不过，虽然这些图像质量较差，但它们可以用数量来弥补。你很难在皮肤病诊所收集到超过 12.9 万张标准图像。

所有这些工作的结果是一个端到端人工智能系统，它可以根据普通照片做出关于皮肤损伤的两个重要推测。它可以分辨两种最常见的皮肤癌，而且可以分辨良性痣和恶性黑素瘤，后者是最致命的皮肤癌。此外，它的准确率与通过职业认证的 21 位皮肤病医生组成的委员会相当。在一些方面，斯坦福算法的表现还要更好一些。[①]

---

① 需要注意的是，医生和算法的判断都是仅仅根据图片做出的，这有点武断。如果参考病人的更多临床信息，医生和算法的表现都会有所提高。

随着计算放射学和计算病理学等专业技术的日趋成熟，类似的图像分析技术很快就会触及医学的每个领域。例如，苏黎世联邦理工学院的研究实验室开发了一种人工智能算法，可以根据腹部磁共振成像为炎症性肠病的严重程度分级。纪念斯隆·凯特琳癌症中心的另一家实验室打造了根据数字显微镜载片为肾细胞癌分类的系统。伦敦莫菲尔眼科医院最近与谷歌深度思维合作，以分析超过一百万张眼部扫描图像。他们得到的神经网络可以自动检测糖尿病视网膜病变和黄斑变性等眼病的迹象。

对于人工智能医疗成像需求的爆炸式增长，硬件公司也做出了响应。例如，芯片制造商英伟达最著名的产品是面向游戏玩家和电影制作人的高端计算机显卡。不过，处理图像和视频的人工智能研究人员对其硬件的需求也很大。意识到这一点，英伟达最近开始打造由显卡驱动的超级计算机，这些计算机与专为医疗图像分析设计的软件捆绑在一起。马萨诸塞总医院是其首批客户之一。现在，英伟达希望训练 10 万名新的软件开发者，将这个系统用于人工智能图像处理。

远程医疗

"远程医疗"一词可以使人联想起生活在宇宙飞船或北海钻井平台等偏远地区、医疗保健水平不高的人们。不过，对许多人来说，医疗一直很遥远，这不仅仅是由于物理隔离的原因。考虑生活在发展中国家的数以亿计的人民，或者处在私人和公共保险系统夹缝中的数千万美国弱势群体。你甚至可以考虑普通的中产阶级人群，他们拥有工作和繁忙的家庭生活，不喜欢去看医生。

基于人工智能的远程医疗可以为所有这些群体的医疗保健水平带来明显的提升。想象与斯坦福皮肤癌检测算法类似的算法可以应对所有诊断问题。考虑将廉价听诊器连接到你的手机上，让神经网络倾听你的心跳。或者，考虑注视摄像机，让云端算法扫描你的眼睛，寻找眼病症状。现在，考虑将所有这些算法与亚历克莎医生之类的数字助理结合在一起，这种数字助理受过大量医学知识的训练，可以询问你的症状，做出合适的回答。（IBM 的沃森团队已经开发了非常类似的功能，用于培训医科学生。）

新一代可穿戴传感器可以进一步提升人工智能远程医疗的有效性。如果你觉得你的 Fitbit 很酷，过不了多久，你们办公室里就会有人用上生物计量电子文身：这是一种小型可穿戴贴片，与人类皮肤具有相同的厚度和弹性，可以用无线信号将健康数据发送到你的手机上。对你的健康来说，这些"表皮电子设备"就像一级方程式监测系统一样。它们可以测量你的血压、肌肉紧张度、水合程度、呼吸频率甚至心脑电活动——它们可以立即标记任何异常。医生可以用这种系统监测刚刚出院的病人，正常人也可以在日常生活中用这种系统跟踪自己的健康。

这些技术不会替代复杂的实验室诊断，它们当然也不会替代受过高级培训的医生的当面诊断。不过，对于许多不正常的身体状况，它们可以推荐简单的治疗，并且在你真正需要看医生时将你送到医生那里，而它的成本又非常低廉。这种基于人工智能的首道防线式诊断可以极大地扩展医生的影响范围，在问题演变成致命昂贵疾病之前及早进行处理——这是人类和人工智能的完美结合。对于发展中国家的医疗，它可能会带来更大的影响，可以降低监测技术的成本，使之更具移动性。

接下来会发生什么

我们希望你承认，所有这些非常激动人心。不过，它们的广泛使用还存在一些障碍。一方面，其中一些技术仍然处于早期阶段。另一方面，我们还必须解决其他许多文化障碍。

动　力

为说明这些障碍，让我们回到基于人工智能的肾病早期预警系统的例子上。医院会购买这个系统吗？根据马克·森达克博士的说法，每家医院都会提出一个问题："如果你能更好地预测肾病，这对我的盈亏意味着什么？"即使你不是强烈的犬儒主义者，你也会像森达克那样注意到，"巨大的卫生系统正在通过慢性病的发展获利。"

动力问题不限于美国。所有国家，包括政府为医疗保健买单的国家，都在面对令人气馁的问题：如何确保医疗系统中的所有人既

有采取长期视角的动力，又有采取长期视角的能力。森达克也提出
了类似的观点："要想提高医疗保健领域的数据科学水平，部分问题
在于统一激励，使每个人关心病人不在医院时的情况。"这样一来，
医生会要求老板提供必要的工具，以便做出有利于病人长期利益的
决定。目前的情况并非如此。森达克说，如果你的激励只能让你关
心病人在你面前时的情况，"那么你就不会关心数据的存储形式，你
也不会关心如何通过分析历史记录寻找模式。"

法律系统提供了另一组激励——或者说抑制因素。想象你处在
凯瑟琳·赫勒的位置上，你在思考一款可以预测肾病进展的人工智
能应用程序。你想对其进行商业化，或者只是想放弃它。这款应用
程序很可能会帮助许多人，但它也会为设计者带来巨大的法律风险。
我们并不清楚第一个无法避免的肾病漏报带来的天价处罚应该由应
用程序制作者、数据科学家还是使用这款程序的医生承担，不管这
款程序挽救了多少生命，也不管其医疗建议是否给出了所有合适的
警告。这是因为，律师和政策制定者还没有认真解决一个基本问题：
算法的医疗建议最终应该由谁负责？如何在回答这个问题的同时鼓
励创新和保护病人？

数据共享

这引出了另一个大问题：数据科学团队能否获得改进现有人工
智能系统以及打造新系统所需要的数据？如果你为一家医院工作，
你也许可以获得数千份病例。不过，来自许多医院的数百万病例不

是更好吗？毕竟，谷歌和脸书等科技公司拥有优秀人工智能系统的一个重要原因就是其数据集的巨大规模。一定有数百万肾病临床记录散布在世界各地的医疗数据库中。原则上，我们可以把它们放在一起，聘请数据科学家团队用尖端人工智能工具进行分析，同时确保患者隐私。在整个医疗领域，这项工作可以创造几十万个岗位，带来巨大的社会和经济价值。

不过，这件事在近期内发生的可能性很小。首先，美国医疗保健提供商的电子记录缺乏共同的标准，因此我们无法共享数据，产生规模优势，让我们最好的人工智能技术发挥作用。即使在英国等具有统一健康系统的国家，数据库的交互操作性——比如一般执业者和医院的数据库交互操作性——仍然是一个大问题。

其次，即使存在共同的数据标准，大多数医院也不愿意和数据科学家合作，即使合作条款可以确保患者隐私。实际上，我们发现医院的疑心很重，我们采访的其他研究人员也具有同样的看法。美国医院往往将他们的数据——你的数据——看作受到严格保护的机构秘密。没有人会告诉你真正原因，但我们一直觉得，他们的态度来自一个懦弱的原因：医院不想让竞争者反向推测出他们的拜占庭式定价模型，因此他们的默认立场是直接锁住硬盘。不管原因如何，所有这些电子卫生记录被用于生成非常详细的账单，但却几乎从未被用于提前帮助人们减少昂贵的医院服务。

我们认为这令人难以置信，而且我们并不是唯一产生这种想法的人。你能想象我们允许医院以同样的方式处理器官捐献吗？如果医院可以在你去世时囤积你的肾脏，就像囤积你的肾脏数据一样，情况会怎样呢？你不应该签署一张否决表格，将你的数据捐献出去，以挽救其他人的生命吗？正如森达克所说，"这里的道德责任在于，他们是向我们购买医疗保健的人。我们收集他们的数据，向他们收费，却没有对他们的数据做任何有用的事情。如果我们独占这些信息，他们又为了这些信息而向我们付款，我们怎么能不使用它们呢？"

这引出了医疗数据本身的问题，这些数据通常充满了错误和缺失项——如果你要求一堆医生在看病间隙匆忙而迅速地手工输入数据，并且告诉他们，大部分数据永远不会得到有意义的使用，那么你还能指望这些数据中没有错误和缺失吗？所以，当某个孤独的研究团队被允许使用其中的一小部分数据打造人工智能工具时，他们必须首先对数据进行清理和组织。这需要技巧、耐心以及与临床医生的合作——目前，这种合作只能临时实现，不能规模化。想象一个研究团队花费六个月时间清理包含几千万个数据点的数据集，只为研究一个具体问题——比如如何预测肾病的进展——以及发表两篇学术论文。其他人无法从这些数据中获得明确的利益。没有哪个系统可以在较大的规模上实现类似的互动。如果你每次在优步或来福（Lyft）车上叫车时都需要自己编写 GPS 定位软件，你会怎样？你很可能会直接去坐出租车。

除了一些例外，大多数医院似乎并不急于招募自己的内部数据科学团队，其结果是人才的不合理分配，这很可悲。我们这一代人中最优秀的数据科学家本可以在数年前进入医疗保健领域工作。许多人愿意这样做，愿意奉献他们创造的奇迹。不过，他们却在思考如何更好地让你点击广告——因为这个领域有数据可用。

隐　私

　　下一个问题与健康信息的隐私有关。这是一个大问题，我们无法进行充分讨论。不过，一个需要强调的重要事实是，我们谈论的是医院已经收集的数据。为了发送账单，医院人员已经访问了这些数据。打造人工智能系统需要请人在现场分析这些已经存在的数据，或者让外部数据科学家远程访问安全服务器。在此之前，所有的身份信息已被移除。

　　这一事实令许多人感到安慰，但它当然没有解决关于隐私或安全性的所有担忧。例如，你可能担心某个恶意数据科学家根据健康记录从没有身份信息的数据中识别人们的身份。实际上，在我们列出的所有问题中，这是唯一可以用新技术解决的问题——具体地说，这种技术叫作"差分隐私"。统计学家和机器研究人员对于数据隐私进行了很多思考，发明了各种数据分析技巧——比如"亚采样""密码散列""噪声注入"等数据技术——以便完全保证个体记录的安全性。如果用这些新的差分隐私算法存储医疗保健数据，医院的数据科学团队就可以在制定准确预测规则的同时避免某个恶意人士了解涉及任何病人隐私的具体信息。虽然大多数医院不会在短期内实施这类算法，但是这些算法的确存在。你甚至可以在所有运行苹果或安卓系统的新手机上找到它们——例如，它们被用于分析你在文本消息中推翻的自动纠正建议，同时保证消息本身的保密性和安全性。

还有黑客问题。黑客已经使医院很困扰了：如果你回忆2017年的大型勒索病毒攻击（比如永恒之蓝），你可能会想起，医院受到了重点攻击。这些医院可能没有对其数据进行与人工智能相关的处理，但是这类活动几乎不会带来比目前更高的安全风险。医院显然应该堵住现有的信息安全漏洞——正如许多专家建议的那样，医院也许应该改用由专业安全公司运行的某种云端设施。不过，这与医院服务器上的已有数据是否应该用于提高医疗保健水平没有任何关系。

尾声

你现在知道，关于人工智能的广泛使用，医疗保健系统面临的技术障碍很少，但他们面临着巨大的文化、法律和动力障碍。其中一些障碍是美国特有的，但其他许多障碍是所有富裕国家医疗保健系统的共同问题。

结论是，医疗保健领域的下一场数据科学革命需要的不是一个弗洛伦斯·南丁格尔，而是数千个南丁格尔。它需要像凯瑟琳·赫勒、佐尔坦·塔卡茨、塞巴斯蒂安·特龙和马克·森达克这样的人——他们不断研究炫酷的项目，不断使系统内部的同事相信这种人工智能的确有用，不断带来优秀例证。它需要医生、护士、软件工程师、律师、数据库管理者、隐私专家、风险投资者、保险商、医院管理人员、政策制定者和病人的共同努力。

愿弗洛伦斯的意志力——"最坚决、最坚硬的事物"——在所有人心中长存。

第七章　扬基快艇

Chapter 7　THE YANKEE CLIPPER

棒球、大数据和假设的重要性

有一群奇特的人工智能宣传者，他们认为智能机器很快就会使发现过程变得与人类无关。他们认为，不久以后，我们就不需要通过理论和假设来了解世界了。只要将合适的深度学习算法应用于合适的数据集，我们的鼻孔就会源源不断地喷出大量知识。

一段时间以来，人们一直在做出这类预测。例如，2008 年，《连线》总编辑写道，"即使没有连贯的模型、统一的理论和任何机械的解释，科学也可以向前推进……我们可以将数字抛入历史上最大的计算集群里，让统计学算法寻找科学无法发现的模式。"

我们可以理解这段话语中的热情。人工智能很强大——没有人能肯定未来的机器是否会聪明到仅仅凭借原始数据设计新机器、发现大脑的工作原理或者发明引力量子理论的程度。

但是，今天呢？我们还远远没有达到这种程度。为说明原因，我们要考虑一个简单而非常具体的科学问题：骨质疏松药物是否会导致食道癌？这正是医疗保健人工智能研究人员愿意回答的那种问题，他们可以将巧妙的算法运用于巨大的健康信息数据库，从而自动得出答案。实际上，这是一个完美的例子，因为一些非常聪明的人对于答案存在异议。例如，牛津大学癌症流行病学家简·格林博士（Dr. Jane Green）编辑的证据表明，骨质疏松药物会导致癌症。贝尔法斯特女王大学公共卫生研究员克里斯·卡德韦尔博士（Dr. Chris Cardwell）则提出了相反的观点。用人工智能解决这种争端不是很好吗？

首先介绍一些背景。许多骨质疏松患者会使用二磷酸盐药物。这些药物可以延缓或阻止骨质流失，但它们也具有影响消化道的风险，可能导致恶心或腹泻。一些医生担心二磷酸盐可能提高食道癌、胃癌和结肠直肠癌的患病风险。

证据如何呢？让我们首先来看反方观点。克里斯·卡德韦尔博士和他在贝尔法斯特的研究同事考察了巨大的匿名医疗数据库，包含英国大约 400 万名病人的信息。他们的研究方案很简单。首先，他们考察数据库中使用二磷酸盐的一组病人。接着，他们通过复杂的匹配算法寻找与第一组类似、但是没有使用二磷酸盐的"对照"病人。最后，他们跟踪数据库中两组病人随时间的变化。最终，他们没有发现差异：使用和不使用二磷酸盐的人具有类似的食道癌患病率。2010 年 8 月，他们在全球最具声望的医学期刊之一《美国医学协会期刊》上发表了他们的结论。

现在让我们来看正方观点。简·格林博士及其牛津研究团队也研究了英国的大型患者数据库。他们的研究方案虽然不同，但也很简单。首先，他们寻找食道癌患者病例。接着，他们用复杂的匹配算法寻找与这些病例类似、但是没有患上癌症的对照患者。最后，他们将病例与对照组进行比较，发现频繁使用二磷酸盐的病人患上食道癌的风险是不使用二磷酸盐患者的两倍。2010 年 9 月，他们在全球最具声望的另一份医学期刊《英国医学期刊》上发表了他们的结果——距离卡德韦尔的文章出现在《美国医学协会期刊》上的时间只有一个月。

总结一下：一项研究认为没有额外风险，另一项研究认为风险会加倍[①]。至少有一项研究一定是错的。

如果两份不同的研究报告通过考察不同的数据集得到关于同一问题的不同答案，这并不令人吃惊，尤其是在涉及像人类健康这样的复杂问题时。这是科学研究的正常现象。起初，一些证据指向一个方向，一些证据指向另一个方向。不过，随着时间的推移，大多数证据会指向相同的方向。

即便如此，格林和卡德韦尔的研究还是非常令人吃惊。这两份报告在相隔一个月的时间里在大西洋两岸出版，对于二磷酸盐是否会提高癌症风险的问题得到了相反的结论。实际上，我们漏掉了一个重要事实。两个团队不约而同地对同一数据库进行了分析——具体地说，是向所有健康研究人员开放的英国全科医学研究数据库。两个团队得到了不同的答案，但他们研究的却是同样的癌症病例，

---

① 一个重点：小数的两倍仍然是小数。60～79 岁群体五年间患上食道癌的基准风险约为千分之一。格林团队估计，如果连续五年使用二磷酸盐，这个比例会增长到大约千分之二。

同样的二磷酸盐使用者，同样的对照群体……一切都是相同的。

不，有一点是不同的。两项研究之所以得到不同的答案，是因为它们做出了不同的假设。例如，卡德韦尔团队选择对照病人时依据的是对于二磷酸盐的接触（"回顾性队列"设计），而格林团队选择对照组时依据的则是癌症结果（"病例-对照"设计）。这是两项研究在假设上的最大差异，但它并不是唯一的差异——而且，世界上没有一台机器可以告诉你哪一组假设是正确的。这是因为，人们还没有发明一种能够提出、检验和证明自身假设的算法。算法只能按照人类的指令运行。

现在你知道我们为什么在这个问题上对于人工智能宣传者如此怀疑了。如果机器不能在看到答案后告诉你哪一项二磷酸盐研究是正确的，那么它怎么能在没有人类帮助时得出正确答案呢？

这个道理很简单。表面上看，我们现在的一切都在依赖智能机器。事实上，它们对我们的依赖要多得多。

关于假设的研究

人工智能是如何依赖人类假设的？这些假设看上去到底是怎样的？为什么它们如此重要？当它们遭到破坏时，事情是怎样出问题的？这是我们将在本章解答的问题。

在我们看来，聪明的人工智能并不能丝毫降低假设的重要性。相反，它使假设变得更加重要，因为一个糟糕的假设带来的后果会被放大一百万倍，甚至更多，因为一些机器会不断重复同一个糟糕的决策。换一种说法：人工智能会使毒树的果实以指数形式增长。这通常是因为人们在照料土壤时做出了糟糕的选择。

这主要有三种表现形式：

1.匆忙下结论。

2.模型生锈。

3.偏差输入，偏差输出。

为说明这些主题，我们要请出 20 世纪中叶的美国偶像：乔·狄马乔（Joe DiMaggio）。

1914 年，"摇摆"乔·狄马乔出生在加利福尼亚一个意大利移民家庭。他后来成了历史上最伟大的棒球选手之一，他的名声超越了棒球领域。普通人将他看作民间英雄，作家和艺术家——从海明威（Hemingway）到麦当娜（Madonna），从罗杰斯（Rodgers）和哈默斯坦（Hammerstein）到西蒙（Simon）和加丰克尔（Garfunkel）——也在最为经久不衰的作品中提到了他。扬基体育场的播音员将他昵称为"扬基快艇"，这是一架泛美客机的名字；二者的速度都很快，而且都极具魅力。

作为两个概率痴，我们对狄马乔最深的印象来自 1941 年夏，当时他在连续 56 场棒球比赛中击出安打。在本书写作时，这仍然是历史上最长的连续安打纪录——排在第二位的是"小个子"威利·基勒（Willie Keeler）1897 年创造的 45 场连续安打纪录。大多数棒球迷认为，狄马乔的纪录是无法突破的。著名生物学家和棒球迷斯蒂芬·杰伊·古尔德（Stephen Jay Gould）曾经称之为"美国体育界发生过的最不同寻常的事情"。正如古尔德所说，狄马乔不仅成功连续击败了 56 个大联盟投手，"而且击败了世界上最苛刻的监工——幸运女神"。

乔·狄马乔连续 56 场比赛击出安打的概率到底有多低呢？球迷显然对此很感兴趣，他们喜欢对不同领域不同项目的体育成就进行比较——比如狄马乔的连续安打是否比贝利（Pelé）职业生涯的 1281 个进球纪录和迈克尔·菲尔普斯（Michael Phelps）的 23 枚奥运会金牌更加震撼。

不过，我们对这个问题的兴趣来自完全不同的原因。狄马乔 56 场比赛的连续安打可以使我们了解假设的重要性——具体地说，是将来自数据的糟糕假设过度外推的危险。这个道理对于人工智能非常重要，因为良好的数据科学实践对于打造独自学习和决策的机器非常重要。狄马乔的连续安打揭开了一个短故事的序幕，这个故事讲述了人类在这个过程中可能犯下的错误。

乔·狄马乔与匆忙下结论

第一幕：连续安打

为计算乔·狄马乔连续 56 场比赛安打的概率，让我们首先做一个比喻。假设棒球比赛就像抛硬币一样：正面表示狄马乔在一场比赛中击出安打，背面表示没有击出安打。这个比喻可以使我们对连续安打进行数学分析。我们从一个简单的问题开始：连续两次得到正面的概率是多少？对于真实的硬币，每个人都知道，答案是 $1/2 \times 1/2 = 1/4$，因为硬币每次得到正面的概率是 $1/2$，而且第一次投掷不会影响第二次投掷。我们假想的乔·狄马乔的硬币有一点不同，其正面向上的概率很可能是 80%，因为他在 1940~1942 赛季大约 80% 的比赛中击出了安打[①]。因此，两场比赛连续安打的概率是 $0.8 \times 0.8 = 0.64$。

根据"复合规则"，我们很容易将这种逻辑拓展到更多连胜。假设某事件在一次实验中发生的概率是 P，那么它在 N 次独立实验中全部发生的概率为 PN，即 N 个 P 自乘。所以，为了计算乔·狄马乔 56 场比赛连续安打的概率，我们将 56 个 0.8 连续自乘。结果是一个很小的数：

$$P（狄马乔 56 场比赛连续安打）=0.8 \times 0.8 \times \cdots \times 0.8 = 1/250,000。$$

在这里，一个自然的反应是：哇，乔·狄马乔不是很幸运吗？答案当然是肯定的。如果你一场一场地观察他的连续安打，你一定会找到几次幸运的反弹或者差一点漏过去的弱打击。

---

① 我们收集了三个赛季的数据，以获得更大的样本，避免从狄马乔连续安打的比赛中挑选统计数据的嫌疑，因为这样会人为提高他每场比赛的实际安打概率。

不过，我们赞叹的不是狄马乔的运气，而是他的技术。为理解这一点，让我们对另一名选手的统计数据进行同样的计算。1978年，皮特·罗斯（Pete Rose）击出了著名的连续安打。在职业生涯的这段时期，罗斯在大约76%的比赛中击出安打。这比狄马乔每场比赛80%的安打率只低了4%。不过，在56场比赛中，复合规则会将单场比赛很小的差距放大为巨大的概率差异：

$$P（罗斯56场比赛连续安打）=0.76×0.76×\cdots×0.76=1/5,000,000。$$

这是狄马乔1/250,000的1/20。罗斯本人是一位优秀选手。大联盟普通球员的击球率是0.250，可以在大约68%的比赛中击中安打，他们的情况如何呢？

$$P（56场比赛连续安打）=0.68×0.68×\cdots×0.68=1/20,000,00,000。$$

这几乎永远不会发生。

所以，狄马乔的连续安打之中当然包括几次有利的反弹。不过，他首先需要很好的技术。在这种情况下，他需要克服的概率"只有"1/250,000。

幕间休息：模型与现实

在对狄马乔连续安打的分析中，我们可以明白关于数据科学和人工智能的两个道理。

第一个道理是，概率的复合增长速度极快，比如信用卡利息。长期来看，很小的优势会变成很大的优势。想一想狄马乔（80%）和罗斯（76%）一场比赛很小的概率差异是怎样在 56 场比赛的复合中变成 20 倍差异的。实际上，这种比喻很好地说明了机器是怎样在国际象棋、围棋和电影推荐等事情上胜过人类的：它们可以找到许多微小优势，将其复合成巨大的优势。

第二个道理与建模假设的重要性有关。你很快就会发现，如果你只知道第一个道理，而不知道这第二个道理，结果会很麻烦。

数据科学的大多数计算需要这样或那样的假设。在分析狄马乔的连续安打时，我们暗中做了两个假设。第一个是恒定概率假设：狄马乔在每场比赛中击出安打的概率是相同的（80%）。第二个是独立假设：狄马乔在一场比赛中的安打与下一场比赛无关。这就像是说，如果你抛硬币两次，那么第一次抛掷不会影响第二次抛掷。没有这些假设，硬币的比喻就无法实现，我们的计算也无法实现。

那么，这些假设成立吗？不一定！以恒定概率假设为例。狄马乔的一些比赛在主场，即洞穴般的扬基体育场举行。另一些比赛在公路或小型棒球场举行。他有时面对的是快球，有时面对的是曲线球，有时面对的是名人堂投手，有时面对的是勉强从次级联盟升上来的临时救火队员。狄马乔不仅每场比赛的概率不同，而且每次挥棒击出安打的概率也是不同的。

独立性呢？这个假设更具争议性，但它很可能也是错的。2016

年麻省理工斯隆体育分析大会上的一份报告考察了大量棒球历史数据，发现了棒球击球手"火热手感"效应的明显证据。换句话说，从统计上看，击出一次安打的击球手下次击出安打的可能性更高。这项发现与我们的独立性假设相冲突。

所以，你可能会问，如果我们的假设是错误的，为什么我们一开始要进行那些麻烦的计算呢？这是个好问题，答案比较复杂。

任何科学家和工程师都会告诉你，世界依靠模型来运转。波音用风洞模型更好地制造飞机。生物学家用果蝇模型更好地理解人类基因。丰田用碰撞试验假人模型研究正面碰撞对人的影响。所有这些例子都需要假设模型的一些特征是精确的，一些特征可以近似。在许多问题上，如果没有模型，我们根本不可能进步。正如火星海盗项目的一位顶级工程师所说，他的工作不是设计出能够登陆火星的探测器，而是设计出能够登陆火星模型的探测器，这个模型是由美国宇航局的地质学家设计的。

数据科学家也在使用模型，比如帮助我们推理乔·狄马乔连续安打的模型。我们的模型基于概率。它们用于从数据中提取思想，打造成功的人工智能系统，比如你在这本书中看到的众多人工智能系统。

数据科学家喜欢说，所有模型都是错的，但是一些模型有用。换句话说，任何模型都不能完美地描述真实世界，但是这些差异有时很重要，有时不那么重要。由此推之，判断模型的有用性既需要了解模型，又需要知道模型的使用方式。如果你只想展示服装，那么橱窗模特完全可以作为人体模型。不过，如果你想让医科学生学习血管解剖，使用橱窗模特就很糟糕了。

所以，让我们回顾之前的陈述，即乔·狄马乔连续 56 场比赛击出安打的概率为 1/250,000。这个陈述谈论的不是狄马乔这个人，而是狄马乔的模型。这个模型中的概率和独立性假设有意牺牲了真实性，以换取简洁性。

我们不难纠正模型中最糟糕的问题。我们可以分别计算主场和客场比赛的概率，也可以根据狄马乔面对的投手调整数据。这些事情对机器来说很简单。当然，为了提出这个问题，你首先需要理解模型的缺陷。如果你只是在和朋友闲聊时进行粗略的估计，那么你很可能不需要这些额外步骤。你不需要确保模型是正确的，只要它足以应付眼前的目的就够了——充实模型也许是一件好事，但这不会为关于棒球连续安打的闲聊带来太多新思想。

更重要的是，设计模型的工作只能由人类完成。机器可以根据人类设置的假设做出预测，但是只有人类才能检查这些假设。机器可以拟合模型，但是只有人类才能用模型提出合适的问题。机器可以每秒处理数百万个数据点，但是只有人类才能首先决定哪些数据点适合使用。好的数据科学需要人和机器相互合作，因为模型和现实的差距并不总是像在棒球辩论中那样无关紧要。

为说明这一点，我们要进入乔·狄马乔这个故事的第二幕。在这一幕，你将看到，一份重要刊物对于狄马乔的连续安打模型进行了过度推广，最终使数百万人产生了不必要的恐慌。这个故事的教训对于理解假设在人工智能中的作用非常重要。

第二幕：你的方法有效性如何？

下埃及王国使用蜂蜜和碳酸钠的混合物。美索布达米亚人更喜欢金合欢叶和纱布。古波斯人使用象粪和卷心菜。文艺复兴时期的欧洲人使用百合根和蚕肠线。

在现代社会，我们的方法要容易一些。大多数人选择安全套或药片，或者自愿做无痛绝育。

生育控制至少和文明一样古老。现代和古代最大的差异是，我们的方法很奏效。20 世纪 60 年代，有效避孕得到了推广。此后，工业化国家的出生率迅速下降。今天，富裕国家的性活跃成人几乎普遍拥有某种避孕经验。

我们承认，对许多人来说，避孕时间和方法的选择不能简化成一个变量。不过，对每个人来说，一个重要问题是使用某种方法的怀孕概率。2014 年，《纽约时报》针对这一问题发表了文章"生育控制失效的可能性有多大"。文章作者首先提出一个简单假设：你使用某种生育控制方法的次数越多，失败的机会就越大。作为这一思想的支撑数据，文章作者在已发表的文献中查找了 15 种常见避孕方法一年期效力的数据。他们用这份数据——以及他们自己的计算，我们将在下面介绍——制作了一张漂亮的互动图表。他们声称，这张图表展示了每种方法 10 年间的长期失效率。

我们根据《纽约时报》文章作者使用的方法和同样的文献数据对其中的九种方法进行了同样的计算。我们的结果和文章作者相同，如图 7.1 所示。每张图展示了一种不同的避孕方法。纵轴显示了《纽约时报》估计的长期使用这种方法至少怀孕一次的概率。

如果这张图上的数字令你吃惊，那么你并不是唯一感到惊讶的人：《纽约时报》的文章吓到了许多人。例如，文章声称，典型药片使用者的一年失败率是9%[①]，十年失败率则是惊人的61%。安全套的数据更加糟糕，其十年失败率为86%。对许多人来说，这些数字看上去高得惊人，其长期意外怀孕风险比他们预想的要高得多。也许正是因为如此，这篇文章在社交媒体上被疯狂转发——它也许没有使许多人迅速加入修道院，但它使《纽约时报》的许多普通读者非常焦虑，其中许多人之前可能认为他们自己的避孕方法更加可靠。就连最应该了解这项研究的妇科医生也纷纷上网，以分享链接，表达自己的恐慌。[②]

---

① "典型使用"并不意味着"正确使用"。如果你完全按照指导使用药片，失败率要低得多，每年不到1%。
② 比如 @hricciot："就连像我这样的妇科医生也感到震惊！#LARC 最好。"LARC 表示"长效可逆避孕"，比如宫内节育器。

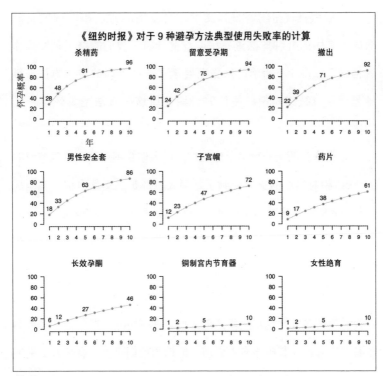

《纽约时报》对于 9 种避孕方法典型使用失败率的计算

图 7.1

基于不良假设的故事

不过，《纽约时报》的文章有一个重要问题：其推测的长期失败率没有任何事实依据。这些失败率几乎一定是虚高的。

事实上，世界上没有人知道其中任何避孕方法的十年失败率。由于实用原因，没有人研究过这个问题。不过，虽然缺少证据，我们还是很有理由相信，由于糟糕的假设，《纽约时报》的文章过分夸大了大多数避孕方法长期使用的怀孕概率。

下面是《纽约时报》计算每种方法长期失败率的方法。首先，他们从已发表的研究报告中提取"典型使用"的一年失败率（比如药片是9%）。这些一年期数字最初是用临床试验或全国抽样调查数据计算出来的。它们是现有的最佳估计值。到目前为止，情况还算不错。

接着，作者用复合规则计算连续几年避孕"获胜"的概率。实际上，《纽约时报》记者像处理乔·狄马乔的连续安打一样处理连续多年的成功避孕。他们使用了我们之前使用的两个假设：不同年份的独立性和恒定概率。

让我们看一个例子。在典型药片使用者中，第一年成功避孕的概率是91%。根据这个数字，《纽约时报》用复合规则计算了下列概率：

P（一年不怀孕）=0.91

P（两年不怀孕）=$(0.91)^2 \approx 0.82$

P（三年不怀孕）=$(0.91)^3 \approx 0.75$

依此类推。在计算到十年时，长期"连续获胜"的概率已经比较小了，约为39%。这意味着在正常使用药片的十年间至少怀孕一次的概率是61%。

类 比

不过，这种计算有一个很大的缺陷。为说明这一点，让我们用类比来推理。假设我们在研究中招募100人，为每人发一枚硬币。这些硬币得到了改动，其中90枚两面都是正面，10枚两面都是背面。现在，我们让研究参与者抛硬币。我们说，抛出背面相当于怀孕。问题是，在100个研究参与者中，多少人会连续10次抛出正面，即连续10年"不怀孕"？

答案显然是90%，因为100个研究参与者中有90人拥有双正面硬币。他们永远不会抛出背面。现在，让我们看一看如何用复合规则得到错误答案。假设我们这样计算：

1. 提取第一年的研究数据，即90人抛出正面，10人抛出背面。
2. 计算第一年成功避免背面的平均概率，即90%。
3. 根据一年估计值和复合规则计算连续十年获胜概率，即 0.9^{10}，约为35%。
4. 得出结论：在100个研究参与者中，只有35人能够连续十年成功避孕。

这就是《纽约时报》分析避孕失败率的基本思路——它存在严重的错误。研究参与者抛出正面的平均概率是0.9吗？当然是。但这是否意味着连续十次抛出正面的平均概率是 0.9^{10}，即35%？当然不是。研究中的十个人会一直抛出背面，其他90人会一直抛出正面。连续十次——或者连续任何次——抛硬币获胜的总体平均概率不是35%，而是90%。我们甚至不能将复合规则作为粗略近似。这项规则完全不适用于总体平均值。

下面是第二个类比，它与避孕有效性问题更加接近：你在未来十年不肇事的概率是多少？美国每年有 200 万司机导致交通事故，占美国大约 2 亿司机的 1%。因此，"正常"美国人一年不肇事的概率约为 99%。在计算十年不肇事的概率时，你可能很想使用复合规则，即将 10 个 0.99 自乘：

$$P（连续十年无事故）=0.99\times0.99\times...\times0.99=0.904$$

但这是错误的。为理解原因，让我们回到第一年末。第一年结束时，美国人分成了两个群体：导致交通事故的 200 万人，以及没有导致交通事故的 1.98 亿人。现在，考虑两个简单的问题。每个群体的汽车保险费率会如何变化？为什么？

答案很明显。第一组 200 万肇事者的费率会上升。第二组 1.98 亿未肇事者的费率会保持不变，或者下降。为什么？保险公司不是为了惩罚或奖励人们。他们是在对未来的事故风险进行合理定价——每一年的事故不是独立的。过去的事故可以预测未来的事故。一些人更容易抛出正面，另一些人更容易抛出背面。

那么，第二年会发生什么？第一组几乎一定会有超过 1% 的人在第二年导致事故。从统计上看，至少是平均而言，这个群体的司机不太小心。类似地，第二组不到 1% 的人会导致事故。从统计上看，这个群体的司机更加小心——这仍然是平均意义上的结论。在数据科学中，我们称之为潜在变量，即对于相关结果具有重要影响、但是还没有得到直接测量的事物。

潜在变量问题可以解释前面的计算问题，因为我们将99%的平均无事故概率复合了十年。问题是：我们复合的是谁的概率？答案是：谁的概率也不是！1%的年度概率是总体的性质——最多是某个虚拟普通人的性质，这个普通人有1%的撞车风险、2.1个孩子、半个大学学位、一个睾丸和一个卵巢。不过，每个真实人的风险要么高于1%的平均值，要么低于1%的平均值。如果你在第一年撞车，你的风险看上去就会高一些。如果你没有撞车，你的风险看上去就会低一些。对于每个人来说，复合规则的计算都是错误的。

回归药片

现在，让我们回到药片的十年失败率上。根据91%的一年成功概率以及复合规则，《纽约时报》得到了39%的十年连续成功避孕概率。不过，我们知道，你不能对总体平均概率进行复合，因为这样做没有考虑到潜在变量。而且，这里有一个非常重要的潜在变量：一些人使用的方法并不正确，因此他们更容易"抛出背面"，在研究早期怀孕。另一些人会坚持吃药，因此他们更容易年复一年地"抛出正面"，避免怀孕，直到研究结束。

实际上，在避孕研究中，典型用户是不存在的，有的只是典型群体。避孕研究不同于容易被观察的棒球比赛。在棒球领域，科学家会研究平均击球率为0.250的大联盟球员的生活细节。在避孕研究中，你只能等待和统计。你需要跟踪使用某种方法的典型群体——一些人会坚持使用，另一些人的使用则是不规则的——然后统计有多少人在一段时间里怀孕。

在所有类似情况中，如果你用复合规则根据一年平均值推测群体的情况，你会得到错误的答案。继续我们之前的类比：

- 在假想的抛硬币研究的第一次抛掷中，10%的人会抛出背面。这个数字包含了双正面和双背面硬币。所以，如果你抛出的不是背面，我们就会知道，你的硬币有两个正面。你下次抛出背面的概率是0%。

- 在任意给定年份，大约1%的美国人会导致汽车事故。这个数字包含了好司机和差司机。所以，如果你今年没有撞车，我们就会对你的驾驶习惯有所了解。你明年撞车的概率不到1%。

- 大约9%的典型药片使用者第一年会怀孕。这个数字包含了稳定和不稳定的使用者。所以，如果你今年没有怀孕，我们就会对你的服药习惯有所了解。你明年怀孕的概率很可能不到9%。也许是8%，也许是2%——没有人知道，因为没有人做过这项研究。不过，我们知道，最不稳定的使用者已经退出了研究，他们对于第一年9%的失败率贡献最大。

图7.2传达了这一思想。它比较了两组假设下典型药片使用者的十年累计怀孕率。虚线采用了《纽约时报》的假设，即在随后年份留

在研究中的女性每年怀孕的概率仍然是虚高的 9%。根据这种假设，十年的累计失败率是 61%，其中第十年的失败发生率和第一年相同。

同时，黑实线假设在随后年份留在研究中的女性怀孕的平均概率不到 9%，因为最不按时服药的使用者已经退出了研究。这种效应会随着时间的积累而加强。到了研究结束时，只有最小心的用户才会留下来。根据这条曲线，十年的累计怀孕率很可能是 25%，其中大多数失败的避孕发生在十年窗口早期的不稳定用户身上。

我们应该强调，根据数据，研究人员只知道"典型使用"群体中有 9% 的药片使用者在第一年会怀孕。从第二年起，两条曲线仅仅是基于模型假设的外推。

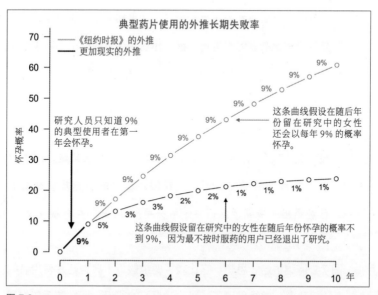

图 7.2

虽然所有模型都是错误的，但是一些模型的错误更加严重。

幕间休息："最具灾难性、最没有成果的疯狂"

我们将《纽约时报》关于避孕失败率的文章看作数据分析大师爱德华·塔夫特（Edward Tufte）所说的"匆忙下结论偏差"的例子。这个名称来自福楼拜（Flaubert）的格言："对于下结论的渴望是人类最具灾难性、最没有成果的疯狂之一。"

塔夫特指的是人类在随机性中看到模式的倾向，但"匆忙下结论"现象当然不止于此。有时，数据集本身无法回答问题。此时，你应该做的是寻找能够回答问题的数据。例如，药片一年失败率的数据无法告诉你十年的失败率。要想知道十年后会发生什么，你需要等待十年。遗憾的是，如果你急于马上知道答案，你可能会用可疑的假设逼迫数据招供。这种供词可能会带来真正的损失。用理想化的假设分析乔·狄马乔的连续安打是一回事，其结果没有太大影响。用同样的假设分析避孕有效性就完全是另一回事了——在这一领域，同样的假设存在严重错误，假新闻可能会伤害数百万人。

这可能是一个小样本错误，但它对于人工智能大数据世界的教训是显而易见的。假设这些糟糕的假设不是仅仅被用于撰写一次性报纸文章，而是被编入人工智能系统，在没有人类干预的情况下自动制定决策。下面的情况就是这样发生的。

- 2011 年 4 月，亚马逊上有 17 本《苍蝇诞生记》，这是一部

关于发展生育学的经典作品。其中，最便宜的旧书是 35.54
美元，而最贵的两本新书超过了 2300 万美元。原来，两家
不同书商运行的算法陷入了反向价格战，因为它们对其他
书商的行为做出了糟糕的假设。

- 一家名为"实心金弹"的在线服装零售商设计了一种算法，
可以将短语随机插入"保持冷静，坚持不懈"等流行口号
中，为定制 T 恤自动生成新的设计。由于监管不力，公司
宣传的 T 恤上出现了严重歧视女性的短语，包括一条关于
性侵犯的短语。许多在网上看到这些 T 恤的人受到了创伤。
在群众的强烈抵制下，公司倒闭了。

- 2010 年 5 月 6 日，美国股市经历了"闪电崩盘"，市场在
几分钟时间里失去了一万亿美元的价值——这仅仅是因为
算法出了问题。根据美国司法部的说法，一个位于伦敦的
流氓交易员提交了价值 2 亿美元的虚假交易，并在很短的
时间里修改了 1.9 万次，最后撤销了交易。这营造了关于
某些股票的虚假的市场悲观情绪。作为回应，其他所有人
的高频交易算法——其假设没有考虑到这种虚假交易的可
能性——完全失去了控制，发出了数百万真实的"卖出"
命令。在人们弄清事情的原因之前，道琼斯工业平均指数
已经在半小时之内损失了 9% 的价值。（幸运的是，它几乎
立即出现了反弹。）

这些算法不知道它们的决策后果或者最初设计它们的商业背景。它们只是在按照人们制定的程序行动，而制定程序的人做出了糟糕的假设。

不过，即使我们意识到了不良假设的危险，我们在怀疑时也应该保持谨慎，以免倒退到无助的角落，永远不愿意做出任何假设。不是所有假设都很糟糕，不是所有糟糕的假设都会导致问题。人工智能依赖于尽量推进数据科学前沿，这有时意味着将假设和估计拓展到数据集的原始范围之外。例如：

- 流行病学家用人工智能扫描巨大的医学记录数据库，以回答重要的健康问题。
- 心理学家正在研究 Instagram 上的帖子，以寻找可能导致早期抑郁和焦虑的心理状态变化。
- 市场观察家将社交媒体上的闲聊作为最重要的经济活动指标。
- Zillow 用公开数据和用户生成的报告预测美国几乎所有房屋的市场价值。

这些思想以及其他数千个类似想法是有效的。不过，他们必须为此规避一个基本事实：在网络时代，大多数数据集是在高度非科学条件下为了另一个人的目的而收集的，它们只是偶尔对其他目的有用。为绕过这个问题——同样重要的是，为了知道什么时候不能绕过它——你最好诚实对待你的假设。

　　人工智能正在经历大型民主化。为了让这些强大的算法高效工作，同时不犯下可怕的错误，人们正在收集和组织数据，这将带来巨大的社会和经济价值。要不了多久，几乎所有大公司和小公司都需要依靠这种数据来经营业务。在这个新时代，我们应该克制急于下结论的冲动，因为每个未经证实的假设都会带来未知结果——只有当更多数据出现时，我们才知道这种近似是好是坏。

模型生锈

　　你已经看到，处在模型核心位置的不良假设会导致可怕的错误。不过，不是所有模型一开始就有问题。有时，它们会由于过度使用而生锈。

　　一个非常有名并且命运不佳的人工智能完美地展示了这种现象。该系统在 2008 年上线，希望解决一个重要的公共健康问题，这个问题既关乎金钱，也关乎生命。不过，随着时间的推移，它的预测与现实的差距越来越大。到了 2012 年，这个模型的错误已经很严重了。不过，当它的表现恶化时，这个模型仍然在获得大量吹捧——毕竟，它使用了"大数据"，这个流行术语极具魅力，同时又受到了枯燥数学公式的强力保护，因此人们常常不敢对其进行仔细检查。

这个系统叫作谷歌流感趋势。下面的故事讲述了它是怎样出问题的，以及为什么它在 2015 年被迫下线。

用大数据预测流感爆发

流感每年导致全球数十万人死亡，并为数千万人带来痛苦。这还只是季节性流感。令传染病专家更加夜不能寐的是全球性流感，比如 1968 年爆发的"香港流感"，或者 1918 年爆发的"西班牙流感"，后者导致 5000 万人死亡，是一战死亡人数的三倍。

为了更好地预防和治疗流感，美国疾病控制预防中心曾长期使用类流感疾病监测网络。这是一个全国性网络，包含 2700 多个医疗保健提供商。每当他们看到具有类似流感症状的病人时，他们就会将数据和实验室样本直接发送给疾控中心。疾控中心利用这种信息生成每周流感活动指标，供各州使用。

遗憾的是，类流感疾病监测网络有一个大问题：所有实验室样本的处理和原始数据的分析可能需要一周以上的时间。全国的公共卫生机构都在根据该网络制定关于流感预防、检查和药物分配的各种重要决策，它也是这些机构了解形势的最佳工具，但它通常只能提供两个星期之前的数据。这段时间足以使流感爆发并感染许多人。

不过，谷歌的数据科学家相信，他们可以通过巧妙的人工智能方法解决这个问题。他们的想法简单而聪明：一些网络搜索语句的频率应该与流感活动存在强烈的相关性。例如，图 7.3 展示了 2008 年到 2012 年美国人在谷歌上搜索"流感会持续多久"的频率。

对这个词语的搜索每年冬天都会达到高峰，这也正是流感季的高峰。谷歌对于这些搜索语句的分析比疾控中心对于 2700 家诊所实验室样本的分析要快得多。因此，它可以用人工智能系统收集查询语句，生成预测，用更短的报告延迟来跟踪流感活动。

不过，谷歌搜索和流感活动之间的映射并不完美，存在噪声。不是每个人都在使用同样的搜索词语，不是每个对于特定词语的搜索都意味着有人得了流感。所以，在设计流感跟踪系统时，你不应该单纯将每个带有"流感"的谷歌搜索算作一个流感病例。你需要更加聪明，用历史数据制定预测规则。

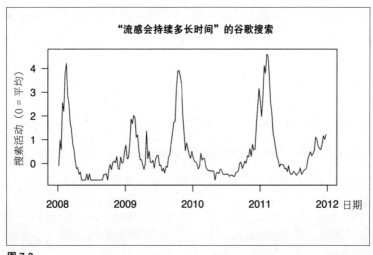

图 7.3

谷歌的数据科学家正是这样做的。模型的输入是 5000 万个不同搜索语句的频率，输出是对于疾控中心每周发布数据的预测——这份数据是量化美国流感活动的黄金标准。谷歌团队在《自然》上发表的一篇论文里描述了他们的方法，并且开始在专门的流感趋势网站上发布模型对于流感活动的预测，此事得到了公共卫生界的热烈宣传。

遗憾的是，流感趋势项目开局不利。2009 年，它完全错过了 H1N1（"猪流感"）大流行导致的流感淡季尖峰。作为回应，谷歌工程师对算法做了一些调整。接下来的两年，从 2009 年秋到 2011 年夏，流感趋势表现得不错。它与疾控中心数据的偏离较小，而且没有两个星期的延迟。

不过，2011 年秋，事情开始出问题。在 2011—2012 流行季，模型对流感活动高估了大约 50%，这使相信它的公共卫生专业人士产生了警觉。接着，情况变得更加糟糕。在 2012—2013 流行季，流感趋势的预测将冬季峰值高估了近 150%。总体来看，在 2011 年 8 月到 2013 年 9 月的 108 个星期中，谷歌在 100 个星期做出了过高的估计。如果公共卫生官员依赖于这些估计值，他们就会将一些资源用于处理几万个不存在的流感病例。

模型是怎样老化的

谷歌流感趋势很好地说明了一个普遍原则：在人工智能领域，

模型不会长期维持出厂状态。

实际上，我们喜欢将模型看作会老化的铸铁锅。如果你精心保养铁锅，它会变得越来越好：它会积累起很好的氧化层，食物不会像以前那样容易粘锅。人工智能的模型也是一样的道理。如果你维护模型，定期用新数据"磨炼它"——也就是我们在第二章谈论的试错模型拟合过程——它的预测会越来越好。不过，如果你忽视模型——如果你让一层陈旧发黑的假设积累得太厚——那么氧化层很容易变成铁锈。如果继续忽略它，模型最终会烂掉，变得一文不值。

流感趋势经历了严重的模型生锈过程，已经快要烂掉了。为理解原因，我们找到了伦敦卫生与热带医学院传染病研究员罗莎琳德·埃戈博士（Dr. Rosalind Eggo）。她首先称赞了谷歌投入如此丰富的数据资源为公众服务的做法，但她也觉得流感趋势错过 2009 年 H1N1 大流行的现象应该引起人们的警惕。"虽然谷歌对于算法细节闪烁其词，但是一些人猜测，它所选择的搜索词语根本不是流感，而是与冬季有关的词语，比如对于高中篮球赛的搜索，"埃戈解释道，"因此，他们捕捉到的只是搜索模式中的一般季节性，与流感没有特别的关系。"埃戈提到了戴维·拉泽博士（Dr. David Lazer）及其同事 2014 年发表在《科学》上的论文，文章考察了流感趋势的长期表现，认为最初的算法"一部分检测的是流感，一部分检测的是冬季"。所以，人们应该对算法的设计选择保持更多的怀疑态度。

另一个大问题是，谷歌在促使其用户违反流感趋势的建模假设。谷歌一直在微调搜索算法的工作方式，这些微调有人有小，多达数千次——作为回应，人们也在对他们的搜索模式进行微调。一个例子是谷歌的自动完成功能，它可以对你输入的搜索词提出建议。这可以节省人们的时间，但它也改变了人们的行为。埃戈指出，当人们将沾满鼻涕的手指放在键盘上，想要获得关于自身流感症状的建议时，"自动完成功能会影响他们最终的搜索语句。"例如，想要搜索"最佳流感药物"的人可能会去搜索"最佳流感治疗"，因为"治疗"是第一个自动完成建议。不过，流感趋势依赖于搜索词语和流感活动之间存在稳定关系的假设。如果这个假设不再成立——如果流感以外的因素导致人们的搜索词语发生重大变化——那么预测模型也会出问题。这可能就是 2009 年以前的情况：根据埃戈的说法，由商业驱动的数千次细微的算法变化"没有得到谷歌流感趋势的跟踪，它们对于拟合质量的影响没有得到监测"。

这个故事有两个遗憾之处。首先，原则上说，像谷歌这样资源丰富的公司应该不难进行持续的"生锈预防"，即允许模型适应新的搜索行为。能够跟踪输入输出之间结构关系变化的"动态"模型是数据科学工具包的标准部件。在我们看来，谷歌数据科学家没有采取这个方向的原因是一个谜——就我们所知，该公司没有人公开解释过原因。

另一个悲伤的事实是，研究人员现在已经不敢追求如此有潜力的思想了。我们询问埃戈，公共卫生领域是否吸取了流感趋势的教训。她回答说：

> 我想，他们吸取的教训太多了。他们被此次失败吓到了。
> 如果谷歌让他们的模型适应搜索算法，它很可能会表现正常。
> 它可以提供的城市级详细信息比正规监测系统能够提供的信
> 息要多得多。这是很有可能的。不过，我想谷歌不想再听到
> 负面报道了。对研究人员来说，这叫一朝被蛇咬，十年怕
> 井绳。

有时，你所需要的仅仅是更好的生锈预防而已。我们希望谷歌
能够再试一次。

偏差输入，偏差输出

当我们用具有内在偏差的数据集训练模型时，我们就会看到人
工智能的另一个大问题。下面是一个类比。在 2016 年大选中，所
有民意收集者都认为希拉里·克林顿会获胜。不过，不管他们的预
测模型多么巧妙，这些模型都会受到输入数据质量的内在限制。问
题是，基本民意调查存在微小而持续的偏差，这种偏差低估了人们
对于唐纳德·特朗普的支持。

人工智能的许多算法存在类似问题：偏差输入，偏差输出。这
里有一个经典故事。美国陆军设计了一个神经网络模型，用于探测

部分隐藏在树林之中的坦克。陆军科学家用带有标签的照片数据集训练模型，一些照片上有坦克，一些没有。结果，神经网络表现出了极高的准确率。陆军甚至预留了一部分原始训练数据，专门用它们检验模型的表现，结果仍然很好。（这种用理论上的"样本外"数据验证结果的做法在人工智能领域很常见。）

不过，当陆军试图用模型探测现实世界的坦克时，它就不灵了——其准确率和抛硬币差不多。专家们大惑不解。如何解释模型性能的戏剧性下降？接着，有人意识到，训练数据存在隐性偏差。所有带有坦克的照片都是在晴天拍摄的。所有没有坦克的照片都是在阴天拍摄的。模型学会的其实是分辨树木有没有影子——这种能力对于分辨坦克没有任何用处。

许多不明智或不公平的人工智能应用之所以失败，原因也是类似的：训练数据中存在隐性偏差。你的数据越多，这个问题可能就越严重。更大的数据集不一定能消除偏差。有时，它们反而会逐渐锁定一直存在的偏差。

以刑事司法系统对人工智能的使用为例。负责宣判的法官一直在努力评估罪犯对社会的危险。传统上，他们以非科学的方式进行这种评估，通过自己的知识、直觉和经验判断被告的性格和履历。现在，这些评估开始得到数据的支持——今天的一些法官甚至依赖于机器学习算法，这些算法接受了司法系统历史数据的训练，可以预测某人再次犯罪的可能性。

一个流行的惯犯预测算法叫作 COMPAS，意为"替代审判的矫正罪犯管理剖析"。和其他所有类似系统一样，该系统明确禁止将被告种族和性别等信息作为输入。不过，这不足以阻止偏差的渗入：机器学习的基本思想是，它可以通过代理了解没有被观察到的特征。所以，为了检验算法的中立性，ProPublica 的新闻工作者研究了在佛罗里达州布劳沃德县被捕并在 COMPAS 帮助下被法官宣判的一万人的惯犯预测分数。他们核对了两年内再次被捕的人，发现了惊人的种族差别。在没有再次犯罪的人中，黑人被告具有较高的假阳性率：和白人被告相比，他们更容易被错误分类为高风险被告。反过来，在再次犯罪的人中，白人具有较高的假阴性率：和黑人相比，他们更容易被错误分类为低风险被告。

如果底层算法真的具有"种族中立性"，怎么会发生这种情况呢？对于这种差异，一个很可信的解释在于数据本身。别忘了，人工智能算法只能寻找和重建它们在训练数据中发现的模式。如果这些模式具有内在歧视性，那么算法就会学会歧视。假设你接受一些学者提出的观点，即对于同样的犯罪，警察更容易逮捕黑人；公诉人更容易对涉及黑人犯罪嫌疑人的案件提起诉讼；陪审团更容易为黑人被告定罪；白人更容易找到更好的律师。如果其中的任意一种说法成立，那么数据体现出的黑人重新犯罪率当然会高于白人，其原因与某人的重新犯罪倾向没有任何关系。如果黑人更容易由于指定罪行被逮捕、起诉和定罪，那么任何正常的惯犯预测算法都会竭力寻找黑皮肤的代表特征。考虑到美国漫长而悲哀的种族不平等历史，这些代表特征并不难找。例如，算法可以询问被告是否有被监禁的家族成员。

遗憾的是，我们不能确定这种代理种族歧视是否导致了
COMPAS算法在佛罗里达州布劳沃德县的预测偏差模式。这是因
为，该算法是保密的。销售这款软件的公司不愿意向被告和法官讲
述其内部原理——所以，如果算法将你分类为高风险被告，法官也
因此而给了你更长的刑期，那么你甚至不能询问原因。这在道德上
是可耻的。在我们的文化中，我们要求大学橄榄球队排名算法完全
透明。对于涉及某人自由的事情，我们怎么能接受保密的说法呢？

听到保密算法做出极为不公的判刑这一惊人的消息，许多人会
得出一个简单的结论：人工智能不应该在刑事司法系统中扮演任何
角色。

我们和其他人一样震惊和愤怒，但我们认为这个结论是错误
的。是的，我们所有人都必须在算法偏差出现时将其消灭。为此，
我们需要专家不断保持警惕，这些专家不仅应该了解法律，而且应
该了解人工智能，并且有权在看到司法遭受威胁时采取行动。我们
承认用人工智能帮助人们制定重要决策时的陷阱，我们承认透明和
公平应该成为这个新时代的基本价值观。不过，不要忘了，在这方
面，人工智能具有巨大的潜力。毕竟，布劳沃德县的混乱主要不是
由算法导致的，而是由人导致的：

- 司法系统中的人像对待微波炉一样对待宣判算法，只是输
  入一些数字，然后就走开了。

- 立法者和高等法院允许法官用专有算法做出判决，而这些算法的内部原理不能被解释和起诉，甚至不能被检查。
- 最重要的是，警察、公诉人、法官和陪审团的集体行为在这些算法的训练数据中植入了人为种族偏差。

最应该使你担心的是最后一个群体——它包含了我们几乎所有人。如果你听到 COMPAS 的故事，然后简单认为人工智能不应该参与重要决策，那么我们要问你一个简单的问题：目前的状况真的令你满意吗？刑事司法系统的重要决策一直在使用基于问题数据的偏差算法。这些算法存在于人们的大脑之中。你不能像检查人工智能预测规则那样直接对这些"人类湿件"算法的偏差进行数量检查。不过，只要看一看得克萨斯州亨茨维尔死囚区的罪犯花名册，或者检查一下美国不同种族的监禁率——白人是 0.45%，黑人是 2.31%——你就能看到这些人类偏差导致的恶果。

这不限于刑事司法系统。例如，你是否愿意让下列决策者决定你的未来？

- 人力资源经理更愿意面试具有典型白人名字而不是典型黑人名字的人。
- 老板对于具有吸引力的员工给予更高的工作评价。
- 大学录取主任对亚洲人的录取标准高于白人。
- 对于同样的工作，经理为女性支付的工资是男性的 80%。

- 招聘委员会的成员具有不同出身，他们心地善良，比较正派，需要为一份工作查看大批简历，因此会受到优美排版和活跃动词的过度影响。

运行在小灰质细胞上的偏颇而无知的决策算法并不比运行在小硅片上的算法更加安全。如果深受偏颇决策之害的人们可以通过人工智能获得第二意见——这种人工智能算法的推理和偏差完全公开，因而可以得到纠正——世界不会变得更好吗？

尾 声

想象你可以穿越回 20 世纪 90 年代自己下载第一款网络浏览器时，或者 21 世纪初你购买第一部智能手机并在脸书和推特上开设账户时。考虑到你后来的经历，你会给当时的自己提供什么建议——你会分享哪些信息，发布哪些照片，培养哪些习惯呢？或者，如果你能向公司领导和政府监管者发表意见，你想对他们说什么呢？关于这些技术对生活的改善，你会讲述怎样的故事呢？你会要求他们阻止哪些问题呢？

人工智能很快就会在决策中扮演重要角色，这些决策比人们在网飞上观看哪些电影、在声田上收听哪些音乐或者脸书为他们推荐哪些新闻故事更加重要。它们将影响人们获得的医疗处理、他们竞争的工作岗位、他们就读的大学、他们可以获得的贷款——是的，还有他们犯罪时获得的监禁判决。在考虑这些复杂问题时，我们不能依靠时间穿越者的建议。我们只能依靠自己，做出正确决策。我们可能得到很多，也可能失去很多，而相关负责人对于人工智能技术具体原理的理解将会极大地影响我们在成本和收益之间的权衡。如果我们试图蒙混过关——更糟糕的是，如果我们放任全球科技公司不顾一切地迅速前进，同时我们其他人毫无意义地为科幻故事中的噩梦而担忧——我们就会在这些人工智能系统成熟之前扼杀它们的信誉，使人类失去大量机遇。

现在，假设我们保持明智的行为——我们将合适的专家和合适的法律保障放在合适的位置上，对于算法的偏差和假设时刻保持警惕。在这种情况下，我们的决策程序将远远优于我们现在充满偏差的决策程序——这些偏差使长相俊俏、表现活跃、家境富裕、皮肤白皙的人获得了不应有的优势。我们的集体观念和技术已经达到了让机器学会开车、预测肾病和开展对话的程度。我们当然可以让这些机器学会公平。它们甚至可能反过来教育我们。

每个人都承认，一些事情非常重要，不能由不负责任、单独运行的算法解决。一些人会进一步将同样的结论推广到人类身上。对于生活中的重要决策，我们可以而且应该将人工智能与人类的思想和价值观相结合。重要的是，人类和机器应该合作。

致　谢

我们想要共同感谢对于本书最初诞生最为重要的两个人：德菲奥尔公司的丽莎·加拉格尔（Lisa Gallagher）和圣马丁出版社的蒂姆·巴特利特（Tim Bartlett）。这是我们两个人写过的第一部并非面向学术读者的作品，我们一开始几乎不知道写作和出版"真正的"书意味着什么。我们很感谢丽莎，她看到并发掘了最初手稿中的潜力。现在看来，当时的手稿是极为笨拙的。我们同样感谢蒂姆，他放手让两个数据科学家大胆地尝试写作，并在这个过程中向我们提供了准确无误的建议。我们还要感谢环球公司的道格·扬（Doug Young），他提供了宝贵的编辑反馈。

我们还要感谢德菲奥尔、圣马丁出版社和麦克米伦的其他许多人，他们提供了很大帮助，包括罗伯特·艾伦（Robert Allen）、艾伦·布拉德肖（Alan Bradshaw）、杰夫·卡普休（Jeff Capshew）、劳拉·克拉克（Laura Clark）、詹妮弗·恩德林（Jennifer Enderlin）、特雷西·盖斯特（Tracey Guest）、利娅·约翰逊（Leah Johanson）、琳达·卡普兰（Linda Kaplan）、爱丽丝·普法伊费尔（Alice Pfeifer）、加布丽埃尔·皮拉伊诺（Gabri-elle Piraino）、贾森·普林斯（Jason Prince）、萨莉·理查德森（Sally Richardson）、布丽莎·罗宾逊（Brisa Robinson）、玛丽·贝思·罗奇（Mary Beth Roche）、罗伯特·范科尔肯（Rob-ert Van Kolken）、劳拉·威尔逊（Laura Wilson）和乔治·威特（George Witte）。我们要特别感谢因迪娅·库珀（India Coo-per），她的重要编辑工作极大地缩小了我们两个业余作家与职业作家的差距。我们还要感谢拉里·芬利（Larry Finlay）、比尔·斯科特 - 克尔（Bill Scott-Kerr）和环球团队其他人的支持。

感谢埃伦·齐皮（Ellen Zippi）在本书调研方面提供的无价帮助。我们还要感谢许多同事，他们分享了自己的故事和专业知识，尤其是斯蒂芬·莱维特（Steven Levitt）和戴维·马迪根（David Madigan）。斯蒂芬将我们介绍给了丽莎·加拉格尔，戴维使我们关注了第七章关于二磷酸盐使用的两项研究。感谢罗莎琳德·埃戈、凯瑟琳·赫勒和马克·森达克，他们同意花费时间和精力接受采访。我们还要感谢家人，他们不知疲倦地阅读了早期手稿，并且提供了反馈，包括凯瑟琳·艾肯（Catherine Aiken）、帕特里夏（Patricia）和乔什·劳里（Josh Lowry）、安妮（Anne）和乔治·斯科特（George Scott）以及布赖恩·伍兹（Brian Woods）

个人致谢

非常感谢我的合著者詹姆斯·斯科特。我最想感谢的是家人的关爱和支持，包括我的妻子安妮·格伦（Anne Gron）以及我们的孩子埃玛（Emma）、迈克尔和莎拉。

——尼克·波尔森

感谢尼克·波尔森。尼克在我的职业生涯中提供了许多帮助，我不可能在此将其一一列出。他极为慷慨地和我分享了许多项目和思想，本书就是最近的一个例子。几十年后，当我回顾过去时，我会将尼克看作对我职业生涯影响最大的人，以及我在这个领域最好的朋友。我还要感谢我最重要的三位老师：比尔·杰弗里斯（Bill Jeffreys）、吉姆·伯格（Jim Berger）和约翰·特林布尔（John Trimble）。没有比尔和吉姆，我永远不会成为统计学家。没有约翰的善良和慷慨，我永远不会知道如何"收紧 / 加强 / 磨亮"我的文笔。我还要感谢我的父母，他们给了我很多——包括他们的榜样。最后，我要感谢我的妻子阿比盖尔·艾肯（Abigail Aiken），她为我提供了几乎所有帮助。我爱你，没有你的支持，我就不可能参与此书的写作。

——詹姆斯·斯科特

出版后记

　　人工智能时代，未来已来，全世界的科技公司早已展开新时代的军备竞赛。如何理解和适应人工智能，关系到每个人在未来的生存状态。这种理解和适应就是"AIQ"即"人工智能商"。

　　在可见的未来，马路上行驶着自动驾驶的汽车，工厂里忙碌着不知疲倦的机器人，网络电商会精准推荐你需要的商品，社交网站自动帮你识别令你心仪的朋友……人工智能会大量节省你的时间，也会剥夺大量的工作机会。认知人工智能的底层逻辑，才能让你更好地享受便利，而不是忧心被淘汰。这种底层逻辑并不新鲜，其思想发端于遥远的过去，其工作原理概括来说就是"算法"，根基是数学和统计学的基本理论。

　　本书便是回到过去，用七个故事一探人工智能思想的源起，用一些有初中基础的人就能看懂的数学知识，简要却透彻地解析人工智能的底层奥秘。读完这些故事，你所能获得的绝不仅仅是人工智能的含义、来源、原理，更重要的是它们在日常生活中的重要价值和意义。这些都是构成你"AIQ"的基本要素，也是人工智能时代的使用说明书。

除了这本及时的小书之外，后浪图书曾经出版过一系列统计学方面的图书，如《女士品茶》《简单统计学》《统计思维》等，更加系统地介绍了统计学的原理，足以作为本书的上佳辅助读物，帮助你更深入地理解人工智能的原理，敬请关注。

服务热线：133-6631-2326　188-1142-1266

读者信箱：reader@hinabook.com

后浪出版公司

2020 年 8 月

© 民主与建设出版社，2020

图书在版编目（CIP）数据

人工智能商 /（美）尼克·波尔森，（美）詹姆斯·
斯科特著；刘清山译 . —— 北京：民主与建设出版社，
2020.9

书名原文：AIQ: How artificial intelligence
works and how we can harness its power for a
better world

ISBN 978-7-5139-3117-5

Ⅰ.①人… Ⅱ.①尼… ②詹… ③刘… Ⅲ.①人工智
能—普及读物 Ⅳ.① TP18-49

中国版本图书馆 CIP 数据核字 (2020) 第 117435 号

版权登记号：01-2020-5039

人工智能商
RENGONG ZHINENGSHANG

著　者	〔美〕尼克·波尔森　詹姆斯·斯科特	译　者	刘清山
出版统筹	吴兴元	责任编辑	王 倩
特约编辑	高龙柱	营销推广	ONEBOOK
封面设计	曾艺豪	装帧制造	墨白空间

出版发行　民主与建设出版社有限责任公司
电　话　（010）59417747　59419778
社　址　北京市海淀区西三环中路 10 号望海楼 E 座 7 层
邮　编　100142
印　刷　华睿林（天津）印刷有限公司
版　次　2020 年 9 月第 1 版
印　次　2020 年 9 月第 1 次印刷
开　本　889 毫米 ×1194 毫米　1/32
印　张　10
字　数　130 千字
书　号　ISBN 978-7-5139-3117-5
定　价　58.00 元

注：如有印、装质量问题，请与出版社联系。